U0159137

澄心清意

澄心文化

阅读致远

日本核殇
七十年

原発と
原爆

「核」の戦後精神史

［日］川村湊 著
刘高力 译

浙江文艺出版社
Zhejiang Literature & Art Publishing House

前　　言

如果问我战后日本向美国输出的"文化"有什么，我能想到的回答就是《哥斯拉》①《铁臂阿童木》②《阿基拉》③ 和以《风之谷》④ 为代表的宫崎骏的动漫。上述这些均同"核爆"⑤ 与"核"相关，这一点后文中会详加叙述。对于美国，或者说对于除了日本以外的全世界来说，日本这个国家是"被原子弹轰炸过的国家"，这是日本的一个特殊性。从日本能学到的东

---

① 《哥斯拉》，此处指的是本多猪四郎执导的怪兽电影《哥斯拉》。1954 年 11 月在日本上映，影片中的怪兽名为哥斯拉。另，本书如无特别说明，注释皆为译者注。

② 《铁臂阿童木》，1952 年日本漫画家手冢治虫创作的科幻漫画。主人公是一个名叫阿童木的少年机器人。

③ 《阿基拉》，日本动画导演大友克洋执导的动画电影《阿基拉》。1988 年 7 月在日本上映。影片中的主人公名为阿基拉。

④ 《风之谷》，日本动画制作人宫崎骏的动画电影。影片中的主人公名为娜乌西卡。

⑤ 核爆，指原子弹爆炸或核爆炸。

西，首先就是从"被爆"到"被曝"① 的经历中孕育而出的文化，即"被核（核爆炸、核辐射）戕害的文化"。

这并不是我作为日本人进行自我贬损的说法。如果说美国的文化是米老鼠②、大力水手③和史努比④的话，那么哥斯拉、阿童木和娜乌西卡与它们相比毫不逊色（甚至更好）。它们既是非常优秀的娱乐文化产物，也是战后日本影视动画的代表角色。哥斯拉的形象在美国"好莱坞"被改编并拍成了电影《哥斯拉》；《铁臂阿童木》被改名为《宇宙少年》在美国电视台播出，还被美国和中国香港共同改编并拍成了电影《阿童木》；《阿基拉》的漫画与电视动画都在美国出了英文版；宫崎骏的动画电影《千与千寻》获得了奥斯卡金像奖最佳动画长片奖（原子弹本来就是美国带给日本的，从某个意义上讲，这是日本把"果实"还给了美国）。

当然，我并没打算忽视通过美国（英语）传播到世界各地

---

① "被爆""被曝"都是日文汉字专有词汇。"被爆"指原子弹爆炸时遭受轰炸的人，"被曝"指的是遭受辐射的人。这两个词在遭受过广岛、长崎原子弹轰炸的日本有着特殊的意义。在我国没有相应的语境和对应的中文专有词汇。

② 米老鼠，美国迪士尼动画电影制作公司创造的卡通形象。

③ 大力水手，20世纪60年代播出的美国动画《大力水手》中主人公波比的别称。

④ 史努比，美国漫画《花生漫画》中的卡通形象，原型为比格犬。

的日本传统文化，例如能乐①、歌舞伎和文乐②，以及以川端康成、三岛由纪夫、大江健三郎和村上春树等人为代表人物的日本现代文学。但是，战后日本必须真正向世界人民传达的文化是什么呢？那就是作为"唯一遭受过原子弹轰炸的国家"（我会在后文中评论这种说法是否妥当）所有的核爆经历，以及由此生发出的文化。

无论是作家井伏鳟二的小说《黑雨》、漫画家中泽启治的漫画《赤脚阿元》，还是导演黑泽明的电影《梦》与《八月狂想曲》都无法脱离日本人的经历核爆这一内容。这就是世界人民应该从日本那里学习的严肃主题——核时代的恐怖与希望。

最近，日本可以输出的文化又多了一项。那就是从 2011 年 3 月 11 日福岛第一核电站事故中可窥见一斑的"核电站事故文化"。核电站这种巨大且令人感到恐怖的建筑，为什么要如此轻率地被建在像豆腐一般柔软的土地上呢？那么多如此重要且损坏后无法维修的机器，为什么要放置在海啸频发的海边呢？

这是如同武士一般不惧死亡，无论发生何种悲剧，都能如同戴着毫无表情的能乐面具一般平静地谛观禅之境地吗？离福岛很远的德国、瑞典等欧洲国家都发起了数万人规模的反核能、

---

①能乐，日本传统戏曲表演，亦被称为能。演员表演时戴能乐面具，扮成鬼、儿童、妇女等角色。——编者注

②文乐，日本传统的一种木偶戏，又被称为人形净琉璃。——编者注

脱离核电站的示威运动。离福岛只有些许距离的东京，只有几千人的示威运动却被渲染成令人震惊的大规模运动。这是为什么呢？是日本人有着不怕辐射的特殊体质吗？核辐射并不可怕吗？就算不要求废除核电，连向政府和东京电力公司要求提供正确的核辐射信息都做不到吗？按顺序排着长队，一家人只能买一瓶矿泉水，日本人对此就感觉不到愤怒吗？与遭受核辐射而死相比，对日本人而言，不用电动坐便器喷出的温水冲屁股，不用洗发露洗头发难道是更令人痛苦的事情吗？

　　当然，这些问题必须问，但我对能否得到答案却没有信心。我希望后文的论述能对上述问题做出一点点解答。即便作为日本人的我，对日本这种冷静的"文化"也感到不可思议。美国把日本列岛（主要指广岛、长崎）和比基尼环礁①当作了原子弹、氢弹的试验场。然后，把用过的、无法最终处理的核反应堆卖给日本。作为反馈，日本人把这种恐怖、痛苦与苦恼的体验，作为"文化"输出给了美国。毫无疑问，无论从何种意义

---

①比基尼环礁，太平洋上马绍尔群岛北部的珊瑚岛。美国从 1946 年至 1958 年在附近进行了 20 多次原子弹与氢弹的爆炸试验。

上讲，日本都是"入超"① 的一方。②

————————

① 入超，亦称贸易逆差、贸易赤字。指一国在一定时期内进口贸易总值大于出口贸易总值，入超的国家在对外贸易中处于不利地位。——编者注

② 本书主要引用的是日本的核爆、核辐射主题的恐怖电影。但美国也有此类的 B 级、C 级电影。在此做一个大概介绍。首先是启发了《哥斯拉》的《原子怪兽》(*The Beast from 20000 Fathoms*，1953 年，欧仁・卢里耶导演，雷・哈利豪森担任特效与制作)，背景设定是一只一亿年前的阿根廷龙解冻苏醒后去纽约寻找同类。该电影中，古代恐龙由于氢弹试验而苏醒，袭击船只、破坏建筑、碰触高压线擦出火花的场面都给了《哥斯拉》极大影响。通过放射性同位素杀死怪兽，即表现辐射与怪兽关系的这一主题等都是这部电影在先。从这一点说，《哥斯拉》是模仿之作。古代生物学家潜入海中，成为了怪兽的牺牲品这一点也被《哥斯拉》巧妙地引用了。最大的不同是，哥斯拉是两只脚走路，原子怪兽是四只脚走路。

　　20 世纪 50 年代的美国制作了很多类似的经过辐射变身而来的怪兽、怪物故事。《辐射 X》(*Them！*，1954 年，道格拉斯・戈登导演) 讲的是原子弹试验导致居住在新墨西哥州的蚂蚁突变，巨大蚂蚁袭击人类的故事。与住在洛杉矶地下的蚁后的交锋是该片的精彩之处；《深海怪物》(*It Came from Beneath the Sea*，1955 年，罗伯特・戈登导演) 中，巨大的章鱼袭击了洛杉矶；《变异魔蜂》(*Monster from Green Hell*，1958 年，肯尼斯・G.克莱恩导演) 中非洲的腹地出现了巨大蜜蜂；《致命水蛭》(*Attack of the Giant Leeches*，1959 年，伯纳德・L.科瓦尔斯基导演) 中，佛罗里达州的沼泽地带出现了巨大的水蛭。以上这些巨大化的怪物都是因为氢弹试验和宇宙放射线的影响出现的。

　　《世界终结之日》(*Day the World Ended*，1956 年，罗杰・柯曼导演) 是核战争导致世界末日之后，生存下来的七个男女的故事。虽然他们还是人，但是被辐射后长出了三只眼睛、角和獠牙，变成了怪物"核怪兽"。这部电影在日本的翻译叫作《核怪兽与裸女》，因为电影中的女主有穿着泳装在湖中洗澡的镜头。

该电影 1966 年被导演拉里·布坎南翻拍成了新的电影,名为《2889 年》(*In the Year 2899*),原作是黑白电影,新作是彩色电影,但似乎不如原作。不过,新作把核怪兽处理为等待女主角的未婚夫的变身,这个改动很有深意。

《惊天 50 尺男巨人》(*The Amazing Colossal Man*,1957 年,伯特·戈登导演)中,在钚弹试验场遭受照射的男子突然巨大化,在拉斯维加斯的街头袭击人们。这部电影是大导演斯皮尔伯格和乔治·卢卡斯小时候为之疯狂的奇怪电影。

《挑战世界的怪兽》(*The Monster That Challenged the World*,1957 年,阿诺德·拉文导演)讲的是地震导致湖底裂缝,从中出现了被原子弹试验的辐射改变的巨大的毛毛虫怪兽。虽然说是"世界最强怪兽",但身体并没有那么大,用枪等小火器就可以制服。日后的毛毛虫怪兽摩斯拉说不定就是受了它的影响。这个电影的标题太夸张了。

《深渊巨兽》(*Behemoth, the Sea Monster*,1959 年,道格拉斯·希考克斯、欧仁·卢里耶导演)中,被核试验唤醒的恐龙怪兽袭击美国渔村,恐龙吐出的放射线是最恐怖的地方,这个怪兽用《圣经》中的怪物"贝希摩斯"命名。

《太阳恶魔》(*The Hideous Sun Demon*,1959 年,罗伯特·克拉克导演)讲的是在做核试验时被辐射的科学家,照射到太阳光会成为怪物的故事。是与狼照射到月光变成狼人故事相反的故事。这个变化也是该电影的立意之处。

为了开发新的核能源,科学家被卷入了一颗叫作超月的行星上发生的星际大战。这是《飞碟征空》(*This Island Earth*,1955 年,约瑟夫·纽曼导演)的故事。在日本翻译成了《宇宙氢弹战》,但是并没有出现核弹、辐射、变身等要素,虽然出现了突变体,但是否和辐射有因果关系也并没有直接说明。《宇宙毁灭记》(*Kronos*,1957 年,卡特·纽曼导演),在墨西哥近海地区落水的外星人飞碟中出现了大型机器人,它们想要从核电站和核弹等装置中吸收核能。虽然这部电影可以称作特异的"核"电影,但是机器人的形状就像积木玩具一样,让人一点不觉得可怕,这是个缺点。

另外,美国的核爆电影中还有描述核战争后世界的《入侵美利坚》(*Invasion*,1952 年,阿尔弗雷德·格林导演)、《海滨》(*On the Beach*,1959 年,斯坦利·克雷默导演)、《奇爱博士》(*Dr. Strangelove*,1964 年,斯坦利·库布里克导演)等名作。美国的核爆、辐射电影与日本的同类电影之间相互作用、相互影响的比较文化论研究,目前还是空白。——原注

目录

第一章　哥斯拉与核辐射之恐怖

1. 作为集体无意识的怪兽哥斯拉

日本这个国家对于核能的认识始于两个巨大的不幸事件。1945 年 8 月 6 日和 9 日，名为"小男孩"的铀原子弹和名为"胖子"的钚原子弹分别落在了广岛和长崎。当时，人们称其为"霹咔咚"①。听起来像个怪兽的名字，也的确恰如其分。这两颗原子弹使日本人首次亲身体会到了核能、核裂变的威力。

原子弹爆炸造成大量伤亡，两座城市被摧毁。战后的日本人对原子核抱有的憎恶与忌讳毋庸赘言。别说使用原子弹或氢弹

①霹咔咚，日文为ピカドン（pikadon）的音译，日语形容东西闪闪发光为ピカピカ（pikapika），ドン（don）是拟声词，"霹咔咚"这个词是把原子弹的光和声音结合而创造出来的拟声拟态词。

做核试验、建设核兵器防卫体制等活动,连出于威慑策略而制造、保有或者运进核武器也一律遭到极度"核过敏"的日本国民的排斥和禁止。这成为了战后日本的根本原则。(1960 年,日本把"不拥有、不制造、不运进核武器"的"非核三原则"作为基本国策固定下来。但看过日美军事同盟的密约就会发现这个国策并没有得到坚定的贯彻。)

氢弹怪兽哥斯拉就是在这样的背景下,从潜藏于日本人心底的集体无意识中诞生的。美国军队在北太平洋上进行氢弹试验后,从古生代开始沉睡的肉食恐龙哥斯拉苏醒,袭击日本,使东京陷入全面瘫痪。(当然,这是发生在电影屏幕上的故事。)

这个在战后日本思想史、文化史上具有特殊意义的怪兽哥斯拉是 1954 年日本东宝电影公司的电影人创造的形象,①说其是贯

---

①第一期(昭和期)的"哥斯拉"系列电影包括 15 部。1.《哥斯拉》(《ゴジラ》,1954 年),地点为东京,当时尚未考虑出系列电影。2.《哥斯拉的逆袭》(《ゴジラの逆襲》,1955 年),地点为大阪,怪兽安吉拉斯登场。3.《金刚大战哥斯拉》(《キングコング対ゴジラ》,1962 年),借用好莱坞金刚这一怪兽角色,表现日美对决,最后金刚获胜。4.《摩斯拉决战哥斯拉》(《モスラ対ゴジラ》,1964 年),固定了摩斯拉正面、哥斯拉反面的形象。5.《三大怪兽:地球最后的大决战》(《三大怪獣　地球最大の決戦》,1964 年),三头龙王怪兽基多拉登场。6.《怪兽大战争》(《怪獣大戦争》,1965 年),怪兽之间的大战。7.《哥斯拉、伊比拉、摩斯拉南海大决斗》(《ゴジラ・エビラ・モスラ　南海の大決闘》,1966 年)。8.《怪兽岛决战　哥斯拉之子》(《怪獣島の決戦　ゴジラの息子》,1967 年),哥斯拉的幼仔迷你拉登场。9.《大怪兽总攻击》(《怪獣総進撃》,1968 年)。

穿战后日本社会的最大的虚构反派明星也毫不为过。不少人从文化论、文明论的角度出发对它进行讨论。这些讨论不仅限于对电影和角色的论述，还讨论了哥斯拉的象征意义和其代表的社会现象。在讨论中，哥斯拉被描述为是战争、战死者的隐喻，是社会中恶意和暴力的象征，是原子弹和氢弹给人们带来的恐

10.《哥斯拉、迷你拉、加巴拉　全体怪兽大进击》(《ゴジラ・ミニラ・ガバラオール怪獣大進撃》,1969 年)。11.《哥斯拉对黑多拉》(《ゴジラ対ヘドラ》,1971 年),公害怪兽黑多拉登场。12.《地球攻击命令　哥斯拉对盖刚》(《地球攻撃命令　ゴジラ対ガイガン》,1972 年)。13.《哥斯拉对美加洛》(《ゴジラ対メガロ》,1973 年),昆虫怪兽美加洛登场。14.《哥斯拉对机械哥斯拉》(《ゴジラ対メカゴジラ》,1974 年),机械哥斯拉登场。15.《机械哥斯拉的逆袭》(《メカゴジラの逆襲》,1975 年)。除了哥斯拉,东宝电影公司还制作了其他的怪兽电影:《空中大怪兽拉顿》(《空の大怪獣ラドン》,1956 年)、《大怪兽巴朗》(《大怪獣バラン》,1958 年)、《摩斯拉》(《モスラ》,1961 年)、《宇宙人怪兽德古拉》(《宇宙大怪獣ドゴラ》,1964 年)、《弗兰肯斯坦对地底怪兽》(《フランケンシュタイン対地底怪獣》,1965 年)《科学怪人的怪兽:山达大战盖拉》(《フランケンシュタインの怪獣:サンダ対ガイラ》,1966 年,山的怪兽山达、海的怪兽盖拉,兄弟俩从弗兰肯斯坦的细胞中产生出来,分别代表善与恶)、《金刚的逆袭》(《キングコングの逆襲》,1967 年)。另外,东宝公司制作的科幻电影如下:《地球防卫军》(《地球防衛軍》,1957 年)、《宇宙大战争》(《宇宙大戦争》,1959 年)、《妖星哥拉斯》(《妖星ゴラス》,1962 年)、《海底军舰》(《海底軍艦》,1963 年,原作是明治时代的作家押川春浪,主角是像南极的海象一样的怪兽玛格玛)。——原注

怖与噩梦的体现。①

　　哥斯拉代表了核能在成为科学万能的（时代）"象征"之前的纯粹暴力形象——口中吐出的放射性热能光束把万物付之一炬。但我想指出的是，哥斯拉并不是在现实世界中直接展示核能威力的原子弹——在广岛、长崎炸裂的"霹咔咚"——的"直系传人"。日本东宝电影公司还拍摄过直接把核爆的蘑菇云——《黑雨》中井伏鳟二笔下的"蒙古高句丽之云"②——妖

①讨论哥斯拉作为战后日本的文化表象的著作包括：高桥敏夫的《哥斯拉之谜——怪兽神话和日本人》（《ゴジラの謎：怪獣神話と日本人》，1998 年，讲谈社）、加藤典洋的《再见，哥斯拉们——战后已远》（《さようなら、ゴジラたち：戦後から遠く離れて》，2010 年，岩波书店）等书籍；川本三郎的《哥斯拉为什么黑暗》（《"ゴジラ"はなぜ"暗い"のか》）和赤坂宪雄的《哥斯拉为什么没有破坏皇居》（《ゴジラはなぜ皇居を襲わないのか》）等论文。另外，长山靖生的《怪兽为什么袭击日本？》（《怪獣はなぜ日本を襲うのか？》，2002 年，筑摩书房）、切通理作的《怪兽使者和少年》（《怪獣使いと少年》，1993 年，宝岛社）、小野俊太郎的《摩斯拉精神史》（《モスラの精神史》，2007 年，讲谈社现代新书）等作品，不仅从文化论的角度探讨了哥斯拉，还探讨了电影和电视中的其他怪兽。好井裕明的《哥斯拉、摩斯拉、原子弹氢弹爆炸——特摄电影的社会学》（《ゴジラ・モスラ・原水爆——特撮映画の社会学》，2007 年，绢书房）一书中关于怪兽电影中的原子弹或氢弹爆炸的主题与本书中提到的作品有一些重合。——原注
②《黑雨》，日本作家井伏鳟二的代表作。黑雨，指的是原子弹爆炸后，沾染了放射性落下灰的雨。这篇小说描写了原子弹爆炸前后平民的生活。"蒙古高句丽之云"，指的是爆炸后产生的蘑菇云，日本的民间俗语称恐怖的东西为"蒙古高句丽"，因元朝忽必烈与高丽在 1274 年和 1281 年两次攻打日本引起的恐慌而来。

魔化的电影《蘑菇人玛坦戈》①，主角是被放射能污染后异化的蘑菇妖怪，而哥斯拉并不是这一类型的妖怪。

　　战后的日本社会对核爆和核能的态度呈现为一种奇妙的扭曲状态。哥斯拉和"霹咔咚"不是原子弹的"直系传人"这一点与这个扭曲状态息息相关。在曾承受过原子弹地面打击的日本（号称"唯一遭受过原子弹轰炸的国家"），反核武运动的出现应该是一种必然结果。但是，即使在战败后，直接的反核武运动却既没有形成规模，也没能发展壮大。

　　诚然，此种现象与作为投弹方的美军对战后日本的军事占领有关。美军的中枢 GHQ（General Head Quarters，驻日盟军总司令部）对一切有关核爆题材的报道，针对被害者的调查、病理学和医学研究都采取了禁止措施。以广岛、长崎被轰炸为题材拍摄的纪录片（《广岛、长崎的核爆影响》，1946 年制作）不

----

①《蘑菇人玛坦戈》（《マタンゴ》），制作信息如下：原始方案策划人星新一、福岛正实，原作者为威廉·霍普·霍奇森的《夜之声》（The Voice in the Night），导演为本多猪四郎，剧本负责人为木村武，音乐负责人为别宫贞雄，特技导演为圆谷英二，演员为久保明、水野久美、小泉博、佐原健二。另外，在东宝公司的特摄电影中，人的变异系列电影还有四部：《透明人》（《透明人间》，1954 年，小田基义导演）、《美女和液体人》（《美女と液体人间》，1958 年，本多猪四郎导演）、《气体人第一号》（《ガス人间第一号》，1960 年，本多猪四郎导演）、《电送人》（《電送人间》，1960 年，福田纯导演）。但是《蘑菇人玛坦戈》和这一系列电影应分开讨论。——原注

仅没能上映①，相关照片也被禁止公开。不仅表现此类题材的作品会遭到审查和禁止，其作者可能被判死刑的传言也不胫而走。消息的真假尚且不论，试图替被害者发声的人的的确确感到了恐惧。②

但是，GHQ 的占领结束（1951 年）后，表现核爆内容的禁令却并没有得到明确解除；无条件反对核爆等政治观点在日本也几乎没有出现。全民反对核爆（核武）的运动初现端倪时，

①1945 年 9 月 14 日，日本文部省的学术会议决定设置原子弹爆炸灾害调查研究特别委员会。该委员会和当时的日本映画社(日映)一同拍摄了纪录片，即《广岛、长崎的核爆影响》(《広島・長崎における原子爆弾の影響》)，参与调查的有生物学、物理学、土木工程学和医学等各种领域的科学家。分别在广岛、长崎的爆炸中心点，用黑白胶片记录了爆炸所波及的范围、建筑物、植物的损毁状况以及爆炸受害者的情况。然而，拍摄完成后，因服从 GHQ 的命令，所有使用过的胶卷、底片，甚至没使用的胶卷都一起交给了美国政府，直到 1967 年才返还日本。1996 年，该片的无删节版配上日语旁白后上映。DVD 由日映制作，共 164 分钟。——原注

②以堀场清子的作品《被禁止的核爆体验》(《禁じられた核爆体験》，1995 年，岩波书店)、《核爆 表现和审查——日本人如何应对》(《核爆 表現と検閲—日本人はどう対応したか》，1995 年，朝日选书)等为代表，以核爆审查为主题的研究成果逐渐增多，这主要与美国的情报公开制度有关。在莫妮卡·布劳(Monica Braw)《审查 1945—1949——被禁止的核爆报道》(《検閲 1945-1949：禁じられた核爆報道》，1988 年，时事通信社)和繁泽敦子《核爆和审查》(《核爆と検閲》，2010 年，中公新书)等书中介绍了美国有关核爆报道审查的制度。——原注

已经到了 1954 年的 "第五福龙丸事件"① 后。由于在比基尼环礁周边海域捕鱼的 "第五福龙丸" 受到美国试爆氢弹所产生的高能辐射，一想到被辐射污染过的金枪鱼和水产品可能会出现在自家饭桌上，惶恐不安的东京杉并区的家庭主妇们便自发开始了签名抗议活动。以此为契机，日本的 "禁止原子弹氢弹试验运动" 开始了。

2. 怪兽与核辐射

"禁止原子弹氢弹试验" 的国民运动并非向日本（广岛、长崎）投下的铀原子弹和钚原子弹造成的直接伤害一事提出抗议，而是反对通过原子弹、氢弹试验可能造成的全球核辐射扩大化。这场由家庭主妇联合签名而发端的运动逐渐形成浪潮，催生了 "禁止原子弹氢弹爆炸署名运动全国协议会"（原水协）这一组织。"原水协" 自 1955 年开始在广岛、长崎两地举办禁止原子弹氢弹爆炸世界大会，此后不久，组织分裂，产生了 "原水禁"（禁止原子弹氢弹爆炸日本国民会议，社会党系）和 "原水协"（禁止原子弹氢弹爆炸日本协议会，日本共产党系）两个组织。二者的关系完全可以比照当时的美（自由主义阵营，

---

①1954 年日本远洋捕鱼船 "第五福龙丸" 的船员在比基尼环礁附近捕鱼时，受到美国试爆氢弹所产生的高能辐射而死亡的事件。——编者注

西方）苏（社会主义阵营，东方）冷战关系。另外，"原水禁"不仅反对核武，也反对所谓"和平利用核能"的核电站。所以，禁止原子弹氢弹爆炸运动还衍生出了反对核电站和接纳核电站的两派。

1963 年 8 月召开的第八届禁止原子弹氢弹爆炸世界大会是两派各自形成后的第一次大会（大江健三郎曾在《广岛札记》中记录过这一大会的状况）。原本以禁止原子弹氢弹爆炸为目的的国民运动分裂演变成了支持和反对苏联、共产运动的两股政治势力。

1954 年，氢弹怪兽哥斯拉形象首次在电影院的大屏幕登场时，有着非常鲜明的背景设定。哥斯拉被设定为是来自太平洋的另一端的袭击日本的"敌人"。积贫积弱的日本自卫队（日本自卫队经历了警察预备队、保安队等组织演变，诞生于 1954 年。哥斯拉的形象和自卫队于同年诞生这一点较为讽刺）迫不得已启用装甲车、战斗机进行自卫，但根本不是哥斯拉的对手。哥斯拉的皮肤如同岩石一般坚硬，无论是装甲车的炮弹还是战斗机的子弹，打在身上都只是溅起一些火花。哥斯拉一发威却能踩瘪装甲车，打落战机，从嘴里吐出放射性热能光束把周围烧成火海。（电影《哥斯拉》的拍摄在现实中得到了日本陆上与海上自卫队的协助，但电影中使用的是"防卫队"的名字。从 1957 年的《地球防卫军》开始，东宝公司和自卫队的合作关系明朗化。)①

　　哥斯拉被塑造为威胁战后日本和平的"敌人"。虽然它并不是落在广岛、长崎的原子弹（或者说战争本身）这一噩梦的二度上演，但应该解释为是威胁着日本复兴的原子弹、氢弹的核辐射之化身。准确地说，观看着屏幕上出现的哥斯拉形象的日本国民，害怕的已不是结束了的战争（核爆），而是威胁着当前和平与繁荣的核武所具有的破坏力。

　　所幸，电影中第一代哥斯拉被主人公芹泽大助博士的科幻发明"氧气破坏素"杀死了。这也可以说是氧气和氢气（氢弹）的对决。针对哥斯拉这个因氢弹而产生的怪物，必须用科学的力量战胜它（电影中的发明家芹泽大助是在战争中失去了恋人和一只眼睛的孤独的科学家）。

　　虽然电影中第一代哥斯拉最终成了沉在东京湾海底的白骨，但在其续篇，即第二部《哥斯拉的逆袭》（1955 年）中，哥斯

---

①虽然从电影《哥斯拉》的第一部开始，所有系列作品都得到了自卫队的协助。但第一部在制作时，自卫队还处在其前身"保安队"的时代，因此致谢词中写的是感谢"海上保安厅"。《地球防卫军》中则用的是"防卫队"，没有特别标明自卫队的名称可能是出于对自卫队有一些政治避讳。另外，挂着日本国旗的装甲车被怪兽踩烂、喷火烧毁后爆炸的镜头很多，随意地冠上自卫队名称的话，会造成自卫队从心理上可能难以接受。20 世纪 80 年代之后的"哥斯拉"系列则自始至终使用了自卫队的名字。类似《战国自卫队》（《戦国自衛隊》，1979 年，角川映画）电影那样真正得到自卫队全面协助的片子都可以制作，只用一下"自卫队"的名字就更不用犹豫了。——原注

拉战胜了同为氢弹怪兽的安吉拉斯并长时间在日本肆虐了，最后被诱至北极冰封在冰川里。（1953 年的美国电影《原子怪兽》中，由于氢弹爆炸试验而惊醒的原子怪兽是在北极的冰面下沉睡了一亿年的阿根廷龙。受了这个电影的启发，才有了哥斯拉电影的策划。这个冰冻情节显然也是受了电影《原子怪兽》的影响。）当然，因为电影中第一代的哥斯拉被杀死了，所以不得不塑造出第二代哥斯拉。东宝公司的创作者意识到这点之后，就在电影情节中把哥斯拉冷冻保存，这样从第三部开始，想什么时候使用这一形象就什么时候让它解冻复活。

安吉拉斯也是因氢弹试验而苏醒的变异怪兽形象。它最大的武器是类似于穿山甲的甲壳和豪猪、刺猬一样的尖刺。和其他怪兽作战时，它用两只后腿站立，拿后背攻击对方。安吉拉斯被设定为来自西伯利亚，可以说它是对滞留在西伯利亚的日本士兵①的愤怨进行具象化而被塑造出的怪兽形象。如果说哥斯拉象征了太平洋战争中的战死者②，那么安吉拉斯则象征那些被

---

①二战结束后，被苏联红军解除武装，押解到西伯利亚古拉格的日本战俘。大约为 56 万至 76 万人。其中很多因囚禁而死亡。战俘中有的是日本人，有的是朝鲜人，原本是驻守伪满洲国的日本军人，后来向苏联红军投降，被流放到西伯利亚。

②加藤典洋在《再见，哥斯拉们——战后已远》（2010 年）一书中做出设问，为什么哥斯拉要反复攻击日本呢？回答是，因为它象征着在二战中死去的日本士兵的魂魄。相比"日本死于二战中的人"的说法，更具体一步说明了是那些"参与战争而死的人"。指出了哥斯拉代表着亡灵，象征着那些人的可能性。

从中国带到西伯利亚而死去的日本兵。这个怪兽的巨大悲鸣将大阪城的城墙震得土崩瓦解。这正象征着那些滞留而死的日本兵向着战后日本社会的愤怒咆哮。

在电影《空中大怪兽拉顿》（1956年）中，拉顿被设定为两亿年前的翼龙在现代苏醒后变成的怪兽。片中的主人公柏木久一郎博士（平田昭彦饰演，他也是《哥斯拉》中芹泽博士的饰演者）认为拉顿苏醒的原因并非是原子弹、氢弹爆炸。虽然没有哥斯拉那样清楚地指明与氢弹试验有关，但从拉顿的名字和原子序数86的放射性元素①的发音一致这一点即可看出它也和原子弹爆炸、氢弹爆炸以及核辐射紧密相关。另外，在电影《哥斯拉大战机械哥斯拉》（1993年）中再度出场的拉顿，由于受到哥斯拉的热能光束攻击而进化成为火焰拉顿，从而和自身发出铀光线的哥斯拉完成了同一化。（在此之前，拉顿的主要攻击方式是扇动翅膀来产生暴风。）拉顿从此也开始发射热量光束进行攻击，施展出了作为"放射性元素"的作用。

继《哥斯拉》之后，成为东宝公司特摄电影第二块金字招牌的是《摩斯拉》（1961年），电影导演也是本多猪四郎。他曾亲口证实，"从根本上讲，我是一边考虑着受到核爆影响的世界的样子，一边制作电影的。电影中，在南太平洋诸岛都遭到核

①原子序数86的放射性元素为氡元素(Radon)，符号为Rn。在日语中，发音和大怪兽拉顿的名字相同。

爆的灭顶之灾后，只有一个岛上的人得以幸存，是因为我设定岛上那基于天然之物而制成的原始饮料非常神奇"（《〈哥斯拉〉和我的电影人生》①）。

电影中，太平洋上一个叫作婴儿岛（被赋予辐射的坟墓之意）的岛屿受到了氢弹爆炸试验的高浓度辐射，以双胞胎小美人为代表的岛上的原住民却并没有罹患辐射疾病。这是因为他们饮用了以生长于岛上的天然菌类制作而成的饮料（红色果汁），这种饮料具有消除辐射毒害的"消毒力"。

可以肯定，《摩斯拉》的电影制作者在制作时有着对原子弹、氢弹爆炸的恐惧和想要克服这种恐惧的念头。对辐射的"特效药"——"产生于大自然的原始饮料"的期待是这部电影中隐藏的信息。（当然，那种东西是不存在的。）②

综上所述，哥斯拉（以及安吉拉斯、拉顿、摩斯拉、德古拉等怪兽）象征着二战中死难者的怨念，也表现了人们对不可见的、威胁着战后社会和平的核辐射的恐惧，但它们并不是直

---

① 《〈哥斯拉〉和我的电影人生》，导演本多猪四郎的访谈集。
② 电影《摩斯拉》的原作小说《发光妖精和摩斯拉》（《発光妖精とモスラ》）的其中一名作者福永武彦对广岛核爆非常关心，他的代表作《死之岛》（《死の島》），描写了在广岛受到核辐射的女性画家和为了与之见面而赴广岛的主人公。《摩斯拉》中的婴儿岛同样是由于核爆而成了"死之岛"。另外，对于辐射的治疗，虽没有特效药，但在辐射前若服用了碘剂，碘储存在甲状腺中则能起到一定的预防作用。《摩斯拉》中的红色果汁即是根据这种说法创作出来的。

接表现辐射恐怖性的形象。以《哥斯拉》为契机制作的东宝公司特摄电影系列中，除了怪兽大战系列电影之外，表现辐射恐怖性的系列电影有《美女和液体人》（1958 年）、《蘑菇人玛坦戈》（1963 年）等。制作此系列电影的契机为美军在比基尼环礁试爆氢弹导致"第五福龙丸"被辐射的事件。沾染了放射性落尘的久保山爱吉①去世，金枪鱼等水产品被放射性落尘污染，继而在日本爆发"禁止原子弹氢弹试验运动"，正是这一系列的关联事件孕育了直接表现辐射恐怖性的系列电影。

3. 辐射之蘑菇人玛坦戈

电影《蘑菇人玛坦戈》讲了这样一个故事：七个喜欢享乐的日本年轻男女乘豪华游艇出海游玩，遭遇暴风雨漂流到无名岛，该岛被原子弹、氢弹爆炸的辐射所污染。有一群奇怪的蘑菇形状的怪物在岛上袭击了他们。原来，只要吃了这个受辐射的岛上生长的蘑菇，就会变成名为"玛坦戈"的怪物，变成长着斑点的毒蘑菇的模样。漂流到孤岛的人们因饥饿而食用了毒蘑菇，于是逐个变成了"玛坦戈"。（东宝公司的怪兽电影的主

---

① 久保山爱吉，"第五福龙丸"的通信长。虽然罹患辐射疾病的船员都在治疗后痊愈，但久保山爱吉在治疗过程中不慎由于输血感染丙型肝炎，在事发半年后死于肝硬化。他被认为是第一个死于氢弹爆炸的受害者。

旨似乎都很反对青年男女的享乐行为。跳舞唱歌在船上开派对的主人公会被哥斯拉袭击，而乘豪华游艇出游的主人公下场则更悲惨。)

这部电影把食用辐射污染物后的体内辐射、核爆蘑菇云的形状以及毒蘑菇之毒（另一方面是美，在岛上的森林中，水野久美①嫣然一笑诱惑人吃毒蘑菇的场面有着动人心魄的妖艳美感）等元素杂糅在一起。尽管拍摄的是这些元素，但电影最后的镜头却停留在大都市闪闪发光的灯海中，从而巧妙表达了潜藏在大都市繁华表象后的辐射之恐怖。尽管是日本 B 级电影②，但对于当时观影的我以及同龄人来说，却是永生难忘的电影，能在记忆中不停回味。

《美女和液体人》也是以"第五福龙丸事件"为背景制作的电影。故事讲述了捕金枪鱼的渔船在太平洋上遭受核辐射，强辐射导致船员和乘客全体液化，成为液体人。液体人来到东京，一次次袭击美女（当然不仅限于美女）。

类似的还有表现人被原子化并通过电气装置被发送的电影《电送人》（1960 年）、《气体人第一号》（1960 年）等，它们都是把人类做了变形化处理的电影。这类电影发端于 1954 年小田

①水野久美,1937 年生,日本电影女演员,曾参与过多部东宝公司特摄电影的拍摄。

②日本 B 级电影,指拍摄时间短、制作预算低的日本电影。因此,也常用来指粗制滥造的低水平电影。

基义导演的《透明人》。影片的时代背景为二战时期，用来做原子核和基本粒子试验的粒子加速器发出透明光辐射人体，被辐射的人成为了透明人。这些透明人被组成敢死队投入战争。影片比起表现核辐射的恐怖，更着墨于表现人类"变身"的恐怖。这个变身的前提是核辐射，辐射破坏了人体细胞，把细胞液化（溶化人体组织），而液体人和气体人等创作构思正是基于此种科学观点的产物。

　　为什么液体人要袭击美女呢？液体化的人还具有人的意志和意识吗？虽不免有非难之声，但不能否认这些电影还是很好地展现了辐射的危险。也就是说，辐射对人体的破坏、影响遗传基因导致子孙变异的恐怖被很好地表现了出来。这种表现自然是荒诞的，因为只有这种看似荒诞的故事才真正体现出当时日本人对原子弹、氢弹爆炸试验的恐惧心理。当然，如新藤兼人导演的《原爆之子》（1952 年）、《第五福龙丸》（1959 年），关川秀雄导演的《广岛》（1953 年）等内容严肃的核爆电影也为数不少，但与此同时，夸大了辐射恐怖性的不严肃的、"伪科学"的娱乐电影也数量庞大。①

① 严肃的核爆电影和不严肃的核爆电影是我自己设定的分类。因为一直以来核爆电影，常被视为是揭露社会问题的电影，对此看法，我存有异议。新藤兼人导演了电影《原爆之子》《第五福龙丸》，也制作了《樱队之死》《"8·6"纪录》等纪录片，都是描写核爆悲剧，倡导反对原子弹、氢弹爆炸试验的核爆电影的正统之作。——原注

如果说《原爆之子》和《第五福龙丸》的诞生是拜导演兼剧作家的新藤兼人的独特想法所赐，那么《美女和液体人》《蘑菇人玛坦戈》（还有一部叫《世界大战争》的电影）这些恐怖的辐射变异电影也是源于一个人的奇思妙想。此人并不是导演本多猪四郎，而是两部电影的剧本作者木村武①。

他是《空中大怪兽拉顿》《地球防卫军》《妖星哥拉斯》《弗兰肯斯坦对地底怪兽》《哥斯拉对黑多拉》等东宝公司的特摄电影制作班底中，与本多猪四郎（导演）、圆谷英二（特技导演）、伊福部昭（音乐）等人并列的最重要的成员。他不仅仅是一个怪兽系列电影的剧本作者，更是一位战前曾参加过日本共产党（他是佐贺县的共产党干部——电影中，怪兽拉顿出现在阿苏山②附近的煤矿地带，破坏了福冈和北九州的街道，最终坠落到火山中），并长期对核辐射给社会造成的巨大影响进行反思的人物。在电影《空中大怪兽拉顿》的前半场中，电影镜头有

①木村武，笔名马渊薰。1911年出生于大阪。关西大学毕业后，在大阪参加了大阪协同剧团等新剧运动。1930年加入日本共产党，1934年被捕入狱。战后，他成为日本共产党佐贺县干部。于1950年退出了日本共产党。1951年，师从八住利雄成为剧本作家。其在关西大学的同窗田中友幸当时担任电影《哥斯拉》的制片人，并以此为契机和东宝公司的特摄电影产生了联系。于1987年去世。这些信息参考了木部与巴仁所作的《考证剧本作家马渊薰》。——原注

②阿苏山，日本著名的活火山，位于熊本县东北部。福冈、佐贺、长崎、熊本、鹿儿岛、宫崎、大分七个县都属于九州。此处作者认为拉顿的诞生背景和木村武曾为佐贺县共产党干部的人生经历相关。

对煤矿内部、工人的炭坑住宅、坑道和断面的细致展现。我认为这是基于他早年团结煤矿工人开展运动时切身体验的一种反映。

一言以蔽之，这些影片中都有着社会运动的痕迹。电影《蘑菇人玛坦戈》《美女和液体人》和《气体人第一号》中，对都市化、资本主义享乐化和自由主义引起的人性堕落的批判意识清晰可见。

导演本多猪四郎曾这样评价《蘑菇人玛坦戈》："这在当时可是被视为问题的猛药般的电影。虽然只是蘑菇，但是被它附了身就束手无策，失去自我。无论关系多么好的人，再亲密的朋友，大难临头为了生存，多丑陋的事都做得出来。……真不愧是剧本家木村（武）君的东西啊。"（樋口尚文《早上好，哥斯拉——导演本多猪四郎和他的电影厂时代》，1992 年。）本多猪四郎没有清楚地说明"木村君的东西"指的是辐射导致变异的母题，还是弱肉强食的人类社会（战前、战时、战后的日共内部）。但我认为应该是二者兼具。他应该是想说，木村的脚本里包含的这些内容决定了这些作品的倾向。

木村武还创作了另一部核爆辐射题材的怪兽电影，《弗兰肯斯坦对地底怪兽》的剧本。故事讲述了二战战败前，德国送给日本一个秘密礼物——科学怪人弗兰肯斯坦的心脏。这颗心脏被转移到日本的广岛卫成医院，供日军和德军联合制造不死的人造士兵。战后的广岛，人们发现了一个奇怪的巨型白人流浪儿（此与核爆孤儿、受灾孤儿的母题相关）。这个白人流浪儿是由弗兰肯斯坦的心脏干细胞生长而来的，是人造人的巨大分身。

虽然电影中没有确切点明，但弗兰肯斯坦的心脏受到了广岛核爆产生的放射性落尘沾染后复活，从而产生了巨人这一不言自明的信息。和《蘑菇人玛坦戈》《美女和液体人》一样，该片的重点是关于变异的肉体的痛苦与悲哀，是被迫降生、成为巨人且被视为怪物的人造人的悲哀。（该作品有可能受到美国"辐射恐怖电影"《惊天50尺男巨人》的影响。此电影中，看到钚弹亮光的军人变成了巨人，疯狂破坏拉斯维加斯的街区。）这是木村武创作的剧本的特征，是其个性的表现，也是其社会性的表达。

怪兽拉顿和发泄过剩精力的煤矿工人的劳动纷争相关；玛坦戈与比基尼环礁辐射引发的社会性抗议运动和日本共产党内部的政治运动相关；黑多拉是可视化的公害问题怪兽。从这个方面分析的话，木村武作为一名共产主义知识分子的立场就十分明显了。

本多猪四郎提到木村武时讲过这样一段话："我和木村君制作的电影里，木村君从以前在开展左翼运动和警察斗争的经验中汲取了灵感。我想过好多次，我自己无论如何也写不出这样的台词，特别是警察和犯人之间的对话，对待新闻记者的措辞等等。"（《早上好，哥斯拉——导演本多猪四郎和他的电影厂时代》。）

　　本多猪四郎是师从山本嘉次郎①的专职导演，以技术见长。本多猪四郎、木村武和圆谷英二这个"三人组"制作的怪兽、怪人电影中所具有的社会性特征可以说全部来自木村武。相较之下，木村武以外的剧本作家，如关泽新一、福田纯等人的与哥斯拉相关的电影剧本作品中，对于社会问题就没有如此显著的关切。

　　在"哥斯拉"系列电影中的特殊之作《哥斯拉对黑多拉》（1971年）中，黑多拉被设定为因化学工厂排放有害物质污染了湖海而产生的怪兽。水银、镉、二噁英等公害物质中含有放射性落尘。电影开头出现了一段小孩子写的诗，诗句为"核爆/水爆②/死之灰③/去大海"。

　　诗的内容揭示了公害物质和辐射的关联性。另外，黑多拉

---

①山本嘉次郎（1902—1974），日本电影导演、演员、编剧、随笔作家。著名导演黑泽明曾担任山本嘉次郎的助理导演，视其为电影启蒙恩师。

②日语中称氢弹为水素爆弹，氢弹爆炸即水爆。此处为保留原诗字词形式而保留"水爆"一词。

③日语中称原子弹、氢弹爆炸后的放射性落尘为"死之灰"。

的原型生物也是在宇宙核爆炸的时候来到地球的。①

电影《科学怪人的怪兽：山达大战盖拉》（1966 年）讲述了从科学怪人弗兰肯斯坦的细胞中产生出来的"山"——善的怪兽山达、"海"——恶的怪兽盖拉这对怪兽阋墙的故事。但有些矫情地讲，这实际象征了美苏冷战产生的对立，以及同一民族之间的阶级斗争。

东宝公司的辐射恐怖电影系列，或者说怪兽系列电影的制作在 20 世纪 60 年代后期逐渐式微。以 1954 年《哥斯拉》为标志开始的怪兽系列电影，原计划最后的一部是《宇宙大怪兽德古拉》（1964 年，本多猪四郎导演，关泽新一创作剧本）。剧情设定为有着辐射能的日本列岛上空，宇宙细胞受到锶和钴等元素的影响产生突变，巨大的水母形状的透明的宇宙大怪兽德古拉诞生（这个背景是由一个登场人物说出的）。但在后续剧情中，辐射和核爆相关的要素却并未出现。虽说电影中因为德古拉喜欢吃煤炭，所以袭击了北九州的矿山，但德古拉把堆积如

---

① 东宝公司的怪兽系列电影皆如实反映了当时的社会问题。《哥斯拉》反映的是原子弹、氢弹爆炸试验；《空中大怪兽拉顿》反映的是矿井塌方、燃气爆炸和劳动争议；《宇宙大怪兽德古拉》以煤到石油，再到原子力的能源转换问题为背景，反映煤炭产业的衰败（对比《空中大怪兽拉顿》中的煤矿场景，《宇宙大怪兽德古拉》中的场景则极为刻板）；《哥斯拉对黑多拉》（1971 年）反映了公害问题；《哥斯拉对机械哥斯拉》（1974 年）中冲绳守护神西萨王的角色则对应了1972 年冲绳代管权被美国交至日本这一事件。

山的煤吸到空中的场面隐约流露出创作者对过去（核能利用以前）的重要燃料——煤炭的怀念之情。

此后，除几部量产的"哥斯拉"系列电影（1966 年，在电影《哥斯拉、伊比拉、摩斯拉南海大决斗》中，哥斯拉袭击了制作核弹的秘密组织"赤竹"的地下工厂；1973 年，在电影《哥斯拉对美加洛》中，出于对人类核试验的报复，海底王国的人们把双叉犀金龟形状的甲虫怪兽美加洛送到地面上搞破坏）之外，东宝公司的怪兽电影再没有推陈出新，原子弹、氢弹爆炸和辐射恐怖的题材消失了。

无影无形的怪兽德古拉表现的是看不见且摸不到的辐射之恐怖，但它在东宝公司的怪兽系列电影中是最没人气的失败之作。1968 年 1 月，在富士电视频道播放的《幻之大怪兽阿贡》（1964 年制作，导演峰德夫、大桥史典。此怪兽与原子相关，名为阿贡①）可以说是传统类型怪兽系列的最后一部作品。

如此这般，在以原子弹、氢弹爆炸和辐射恐怖为题材的东宝公司怪兽电影完全消失的 20 世纪 70 年代，核电站在日本各地落成，商业用途的反应堆开始运转（位于敦贺、福岛、滨冈、美滨、高滨、大饭、伊方、玄海的核电站基本都是在 20 世纪 70

---

① 日语中直接使用英文"atomic"的音译来表示与原子相关的东西。日语中，龙也是用英文"dragon"的音译表示。该怪兽的名字是把原子和龙的音译各取首尾音节"A"和"gon"拼成的，"Agon"的中文音译为阿贡。

年代投入使用)。看出这二者一兴一衰同步的应该不止我一个吧。从那以后,"哥斯拉"系列电影中的肉身哥斯拉也渐渐地败给了机械哥斯拉,动画《机动战士高达》中的机器人形象的"战士"开始频繁出现在荧幕,日本进入了讴歌科学文明和机械文明的时期。

4. 核爆被害国日本

目前,日本是"唯一的原子弹、氢弹爆炸受害国"。故而对核武、核能抱有特殊感情,或称之为核过敏(当然,这是在没有切尔诺贝利核事故和福岛核泄漏之前,对核能还有着如田园牧歌般印象时候的说法)。绝大多数的日本人都相信"唯一的原子弹、氢弹爆炸受害国"的说法,认为这是常识,是战后日本人"对核持有的感觉与表象"产生的前提。但是,此说法真的属实吗?提出怀疑之前,让我们先来逐一分析该说法的具体内容。所谓"唯一的原子弹、氢弹爆炸受害国"包括以下三个事实:一、广岛被投下铀原子弹(1945 年 8 月 6 日)。二、长崎被投下钚原子弹(1945 年 8 月 9 日)。三、比基尼环礁的氢弹试验导致日本的渔船"第五福龙丸"沾染放射灰,船员 23 人被辐射,1 人死亡(1954 年 3 月 1 日。当然,此后还有导致 2 人殒命的东海村 JCO 核燃料处理工厂临界事故和导致 5 名操作人员死亡的美滨核电站的水蒸气泄漏事故。本文所说的三个事实指的是 20 世纪在日本作为常识的核爆事件）。

　　把这三个事实归作一组，其共同点即为日本人作为原子弹、氢弹爆炸的受害者。另外一个潜在的共同点是加害者都是美国人。把这三个事实中的细节分别加以整理归类，对信息进行"编纂"，然后更进一步进行"加工"。经过这些步骤，我们才可以合理地喊出"作为唯一的原子弹爆炸受害国，日本必须为了废除原子弹、氢弹等核武而努力""必须坚持非核三原则""必须为核能的和平使用做出努力"等口号。信息的"编纂"和"加工"不是被动的过程，而是能动地汇集并加以推广和宣传。这是当今信息社会中必须掌握的能力。从基本信息出发，寻找关联信息，加以联系，并不断扩大资料的收集，扩充每个项目。总之，就是把手边的信息分门别类地加以收集编纂，做成辞典一样的"事典"，这种做法十分必要。

　　举例说明，关于广岛被投下铀原子弹这一点，原民喜的小说《夏之花》、大田洋子的小说《尸之街》、栗原贞子的诗集《黑色的蛋》、峠三吉的诗集《核爆诗集》、正田筱枝的短歌集《散华》① 等，通过文学作品表现了广岛遭到原子弹轰炸的情况［《日本核爆文学》（十五卷）是这类作品的集大成之作。但是，

①原民喜(1905—1951)，日本小说家、诗人。大田洋子(1906—1963)，日本小说家。上述二人皆出生在广岛。峠三吉(1917—1953)，日本诗人、日本共产党党员。栗原贞子(1913—2005)，日本诗人。正田筱枝(1910—1965)，日本和歌作家。此三人则皆为广岛核爆炸的受害者。——编者注

这十五卷中娱乐文学、纪实文学和诗歌的数量有些不足]。这些内容可以作为"核爆文学"的目录和索引，也可以用于年表和年谱的制作。关于长崎核爆的文学作品有：永井隆的小说《长崎之钟》和《请留下这个孩子》，林京子的小说《祭祀之场》等。关于比基尼环礁氢弹试验辐射事故的作品则有现代诗人汇编的诗集《死之灰诗集》、桥爪健的短篇小说《遮天蔽日的死之灰——比基尼遭核爆渔夫手记》等。目前，水田九八二郎的《阅读核爆文献——核爆相关书籍 2176 册》一书已梳理了以"核爆"为主题的 2176 册书籍，并对主要的一百册做了内容概述。可以作为核爆类文学的珍贵"辞典"的还有丰田清史的《核爆文献志》和长冈弘芳的《核爆文学史》。另外，还有黑古一夫的《核爆文学论》（1993 年）、川口隆行的《名为核爆文学的问题领域》（2008 年）等把核爆文学作为文学批评对象进行研究的学术书籍。

5.《死之灰诗集》

让我们以《死之灰诗集》为例来分析上述作品的共同之处。这本诗集中收录的绝大部分诗的背景都是太平洋的无人珊瑚礁，这就是我非常在意的地方。南方的碧海，珊瑚礁中的游鱼，金枪鱼、海鸟和贝类，借鸟兽虫鱼之口对人类进行控诉，从而引出后面的反对破坏自然环境的运动。但是，却缺少了一个显而易见的事实，对自然环境和人类的生活环境造成直接破坏的是美国的原子弹和氢弹试验。

　　美军的比基尼环礁核爆试验是以居住在马绍尔群岛附近的朗格拉普环礁、阿伊林古那环礁、乌托里克环礁、朗格里克环礁等地居民的强制转移为前提的（当时，马绍尔群岛被美国托管，马绍尔群岛共和国在 1991 年才成立）。试验后，在这些人的头上也降下了"死之灰"，与日本的"第五福龙丸"上的 23 名船员一样，岛民也是氢弹爆炸的受害者。朗格拉普环礁的居民们直到登上美国海军的避难船之前都待在被"死之灰"覆盖的岛上，孩子们抓着这些灰玩耍，人们饮用着混入了这些灰的雨水。①

　　1945 年以前，比基尼环礁是日本的殖民地。对南太平洋群岛（包括比基尼诸岛）进行委任统治的南洋厅本部在帕劳（现在的帕劳共和国）的科罗尔岛，其下设的比基尼支厅管理着比基尼环礁。日本战败后，联合国将该地交由战胜国美国托管。美国则把它变成了核弹的试验场，试爆了两千多次（比基尼泳装的名称即来自比基尼试爆核弹一事）。居住在附近诸岛的人被以安全名义转移到其他岛屿。在试爆结束、美军宣布安全后，

---

①马绍尔群岛被辐射的居民包括朗格里克环礁 86 人，乌托辐克环礁 166 人（参照丰崎博光《马绍尔诸岛，核世纪 1914—2004》，日本图书中心，2005 年）。——原注

人们重返家园，但因为安全隐患并未消除而不得不再次迁徙。①

　　"第五福龙丸"被辐射，全日本（全世界）都被"死之灰"的恐怖所震撼，从而形成了轰轰烈烈的禁止原子弹和氢弹试验的运动。即使如此，日本媒体也几乎没有报道比基尼环礁的恐怖事实。试验的相关人员，包括观测船上的美军和政府官员在内的大部分人都遭到辐射的消息被美国压制，日本的媒体进行报道的确也不太可能。但是，既然在太平洋上捕捞金枪鱼的渔船被辐射，那么附近的居民应该也有被辐射的可能性，仅凭想象也该有如此认知吧。缺乏认知的证据是，在《死之灰诗集》中收录的全部 210 首诗中大概只有 4 首想到了"住在岛上的人"。其他的一些诗歌，有的想到了海岛附近的鱼和岛上的椰子树，却对住在那里的人毫不关心。或许这种不关心是因为根本就不知道那里居住着"南太平洋的居民"，但向战后的日本人不断复述日本是"唯一的原子弹、氢弹爆炸受害国"这一"错误"信息，也不能不说是导致此现象的一个重要原因。

　　下面这首诗是极少数表达了对岛民关心的诗歌中的一例：

---

①国际被爆者研究会的《被隐藏的核爆受害者》（《隠されたヒバクシャ：検証＝裁きなきビキニ水爆被災》，2005 年，凯风社）和《马绍尔诸岛，核世纪 1914—2004》中记载着朗格里克环礁和乌托里克环礁核试验受害者的经历及亲口讲述的内容。他们和广岛、长崎的受害者有着同样的症状。营救的美军也同样并未对他们施救，而是把他们当作小白鼠一样做着医学和生物学的检查。——原注

太平洋的碧蓝之中啊，

星星点点绵延的小岛。

海岸边有红树林和椰子树繁茂葱郁，

蜂鸟在扶桑花之间飞翔盘绕。

卡纳卡的孩子们，

追逐着金绿色的大蜥蜴，在这个被命运捉弄的小岛。

从前，小岛被西班牙的军队进攻，

然后是德国的军队，

接着是日本的军队，

再来是美国的军队，

卡纳卡的女人们啊，

常常气喘吁吁地，在椰子树的密影间迂回逃跑。

如今，小岛似乎回归乐园的祥和。

卡纳卡的人啊，

操着快遗忘的日语对我说，

我们最想要的东西是，

灯油芯，锅子和红布。

似乎被文明遗忘了的小岛啊，

如今又升起了原子弹的蘑菇云。

比基尼环礁的烈焰延伸到了小岛，

卡纳卡的人啊，在辐射病中倒下。

只饮用自然水源的卡纳卡的人们啊，

现在只能喝着"死之灰"酿出的汤。

卡纳卡的人们吼叫着：

还我岛来！

不要逼死我们！

叫着叫着，卡纳卡的人们啊，一个个倒下。

这个被文明人遗忘了的小岛，

这个在太平洋的蔚蓝中被命运戏弄的小岛。

如阿部襄在这首名为《被命运捉弄的小岛》的诗中所说，原住民卡纳卡人也同样被原子弹和氢弹试验的"死之灰"所辐射，他们也是受害者。比基尼环礁的爆炸试验也导致马绍尔群岛的居民被辐射。只要考虑到这些，就不能说日本是"唯一的原子弹、氢弹爆炸受害国"（当时三里岛核泄漏事故和切尔诺贝利核事故尚未发生）。但是，普及这种认识似乎是没有益处的。战后的日本人，对马绍尔群岛，即曾经被日本作为殖民地所统治过的小岛群岛（密克罗尼西亚）根本毫不关心。如诗中所表现的，该岛被西班牙人、德国人、日本人（接着是美国人）像对待殖民地一般统治过。尽管名义上只是日本的（国际联盟）委任统治领地，但对战后的日本（日本人）来说，一切关于战前、战中的殖民地和统治占领地的历史都是想要努力忘却的事物。对殖民地的主宰是不正当、不正义的，所以想在脑海中和现实的记录中抹去一切关于殖民地的记忆。这是不仅限于日本权力阶层，就连普通国民也都患上的健忘症。

实行殖民统治国的国民和被殖民统治的人民的感受完全不同。日本人是站在对南太平洋群岛、朝鲜和中国台湾等地的人民进行压迫的立场上的。

岸信介、椎名悦三郎、大平正芳等在战后日本的自民党中地位很高的政治人物都曾在战前和战时的伪满洲国或伪蒙疆联合自治政府中任职。被这些人操控的战后日本政治界对殖民地问题不做丝毫显性化处理，将殖民统治和原子弹、氢弹爆炸问题相关联的发言更是一次也没有。被遗忘了的马绍尔群岛的辐射受害者凸显了日本的殖民主义在二战后面临的问题。趁第一次世界大战之际，占领了德国管辖的密克罗尼西亚的日本，以托管之名把该地归入日本版图中，并统治了三十年。二战战败之后，大多数的日本人平安无事地回国了，想忘了在南太平洋发生的事情，然后就真的忘记了。所以，当马绍尔群岛的岛民与日本人一样，被"死之灰"威胁的时候，日本人却根本想不起来他们的存在。

日本学者三宅泰雄在《与死之灰作战的科学家》（1972 年）

一书中，记录了被派去调查"第五福龙丸"遭受辐射状况的俊鹘丸调查团（1954 年 5 月 15 日至 7 月 3 日）对当地的海流、气象、鱼虾、海藻和浮游生物的被辐射情况进行了详细调查和细致分析。书中只有一句话提到了当地人，即"朗格里克环礁和乌托里克环礁的居民 267 人得了辐射病"，完全没有对他们的受灾调查与分析。当然，美国不允许日本对当地人被辐射的情况进行调查，但日本的科学家对此毫不关心，并不认为值得调查，这种意思也表达得非常明显［另外，针对在比基尼环礁被辐射的"第五福龙丸"及由此引发的反原子弹氢弹爆炸运动进行调查的著作还有"第五福龙丸"的船员大石又八《比基尼事件的真相》（2003 年）、丸滨江里子《原水禁署名运动的诞生——东京杉并居民的力量和水脉》（2011 年）等］。

6."霹咔咚"的由来

如前所述，二战后的日本人对原子弹、氢弹爆炸和核能的问题有着奇妙的分裂式认识。从原子物理学的角度看，核能发电与核爆都是让铀矿石中稀少的铀-235 发生核裂变，从而释放出巨大能量的物理现象，二者是同样的。但是，从二战后日本人的表述来看，这二者却分别是"善"与"恶"，不断强调同一事物的两个不同的侧面，对该事物的统一性叙述却很少见。

用我所在的那个年代的文化事物打比方，二者就是"哥斯拉"和"铁臂阿童木"。把两个有着不同脉络的东西，通过联想结合在一起。在对文化信息进行处理中，这种做法像走钢丝一样具有风险性。不过没有这种智力的冒险，我们就只能被动接受别人归纳后告诉我们的东西，无法创造出新的理论。

在"哥斯拉"这个词出现以前有"霹咔咚"。"霹咔"代表光，"咚"代表声音，这是从核爆受灾的广岛民众的感觉出发，对原子弹进行的创造性的命名。原子弹投下没过几天，这个词就开始出现在人们口中，但首次公开出现在出版物上是1950年波茨坦书店出版的丸木位里、赤松俊子的绘本《霹咔咚》。在作家大江健三郎的《广岛札记》中，每章之前的辑封页上所使用的插画就来自这个绘本。该绘本与丸木位里、赤松俊子夫妻二人倾毕生之力创作的《核爆之图》息息相关①，因而十分出名。但我们必须记住，将"霹咔咚"这个词最早在出版物上公开呈现的是这一绘本。

从操控媒体的角度来看，美国占领军在日本全国禁止公开广岛、长崎原子弹爆炸受害者的个人经历记录。广岛市民生局社会教育科编集的《核爆体验记》由广岛和平协会于1950年发行，是各种核爆经历记录中最早公开发行的刊物。发行组织收

①丸木位里和赤松俊子在1941年结婚,赤松俊子此后改名为丸木俊子。二人都是美术家,以核爆为主题共同创作了三十余年,创作出了十五幅一组的《核爆之图》。以该图命名的美术馆在1967年开馆。二人还共同创作过《南京大屠杀之图》《水俣病之图》等主题的画作。

到了 GHQ 的禁令并被处分，虽然十五年后的 1965 年得到再度刊行，但仍然出现了针对它的各种不利传言，比如说 GHQ 的禁令是虚假消息，因这本刊物作为内部资料却发给了无关人员才被禁等等。总而言之，真正把"核爆体验"印刷成刊物进行公开，也是在核爆五年以后的事了。更有甚者，像诗人栗原贞子的诗集《黑色的蛋》这些早期出版的核爆相关作品，明显受到了 GHQ 的干涉（审查、禁令）。但此类干涉并没有遭到来自作者、日本的政治团体、媒体或记者等任何正式的反对和抗议。

操控媒体的主要目标是使信息丧失意义，即让任何人都不会对该信息产生兴趣，使其成为人们无视的对象，让为其发声的行为变得徒劳，最终使其隐没于众多信息汇成的洪流中。

审查也是操控媒体的一种手段。日本在二战战前和战时都有事前审查制度。如果是对体制不利的言论，文章中的文字就会有一部分改成圆圈、叉号，或者直接被删去几行乃至十几行文字，当然也有全文被禁止发表的。但二战后 GHQ 的审查更甚，文中的文字被改成圆圈、叉号或者删去几行而留有空白也不行，必须要删改完后读起来文从字顺，即让审查者无从察觉才可以刊行，不然就全文禁止公开。对战后的这种审查制度，之所以大众媒体没有做出任何反抗，不是因为所处战前和战后的时间差异，而关键在于审查的主体不同，一个是日本政府，一个是 GHQ。

从"核爆体验"记录来看，对于 1945 年 8 月 6 日广岛原子弹爆炸的被害者来说，在自己究竟被何种东西所伤害这一点上，最初他们没有获得任何相关信息，完全被蒙在鼓里。看了《核爆体验记》书中很多的个人经历后，我发现其中没有一个人知道自己是被"原子弹爆炸"所伤害的。有过空袭经历的人认为是直击弹①或者汽油弹所致；有人认为是变压器爆炸导致电气短路所致；有人认为是大地震引起的巨变所致；还有人认为是地球接近了太阳后和其他天体发生了碰撞所致。

7. "蒙古高句丽之云"

日本军队大本营在 1945 年 8 月 6 日下午六点的广播新闻中报道："数架 B-29 轰炸机袭击广岛，投下汽油弹和炸弹后逃走。"这是最早的核爆相关新闻。次日，即 8 月 7 日，下午三点半的广播新闻中播报员用经历了普通空袭般的平淡语气做了报道，称"敌军从右路攻击，投下了类似新型炸弹的东西，详细情况还在调查中"。8 月 8 日的新闻援引了大本营的新闻内容，广岛的人们才得知了自己是被"新型炸弹"所伤害。日本政府和军队大本营在 8 月 8 日当天已经通过"敌军情报"（自设天线收听英美的广播电台）以及来自广岛方面关于"特殊炸弹"的

①直击弹，指直接命中目标的航空炸弹或炮弹，与之相对的是近失弹。——编者注

报告得知了"新型炸弹"实际上是"原子弹"的事实。但是陆军参谋本部以"对战争指导不利"的理由隐而未报。在对"新型炸弹"的防御方法上则做出"不要露出手足，使用防空袭头巾和手套""穿白色衣服"①（为了防止爆炸闪光瞬间的烧伤，用白色衣服反射，这是完全没有任何意义的）等指示。政府高层貌似严肃地做出指示，实则行的是任其发展之策。

　　盖上白布能反射辐射、茶和柿子有疗效、核爆中心地的植物生长很好、核爆能治愈顽固脚癣等各种荒谬之说在受灾者之间流传着。位于日本政治中枢的官员、军队大本营的参谋和一般平民对原子弹相关的科学认识没什么太大差别。当然，以仁科芳雄②博士为中心，日本的科研人员也进行过原子弹的开发研究，但是在当时的日本，研究所需的巨大经费和高端设备是无法实现的。核爆后，被派去广岛的仁科芳雄博士和其他的研究人员，通过对核分裂时产生的物质进行检验，确认了"新型炸弹"就是原子弹。

　　直到马上要投降了，日本的政府和军部才公开发表了"新型炸弹"是原子弹的声明。决定无条件投降的原因是出现了这种大规模杀伤性武器，为了"维护国体（天皇的统治）"不得已而为之的。原子弹成了政府和军部掩饰战败事实最后的借口。

---

①引自竹山昭子《战争与放送》，社会思想社，1994年3月版。
②仁科芳雄（1890—1951），日本物理学家。曾在二战期间主持日本核研究计划。

但是，对于普通民众而言，无论是"新型炸弹"还是原子弹，是铀炸弹还是钚炸弹，全都一样，那就是给他们带来了无法想象的灾难。出于卑劣意图把"新型炸弹"改为原子弹，试图通过改变命名来改变其社会性意义的掌权者和使用着"霹咔"
"霹咔霱"这样叫法的民众形成了对比。对民众而言，"霹咔咚"就是"霹咔咚"，是一个带来灾祸的怪物，除此之外别无其他。"霹咔咚"和"蘑菇云"都是对这个凶恶强大的怪物的称呼。

在被称为"核爆文学"杰作的井伏鳟二的小说《黑雨》中，有一段对"蘑菇云"的描写：

> 蘑菇云比起蘑菇来更像是水母的模样。比起水母来更有动物的活气，脚儿一颤一颤地朝着东南方漫卷而来。这水母边跑还边换着头的颜色，红的、紫的、蓝的、绿的，像烧开了的沸水一般，身子中段还不断地往外喷涌着，蔓延着，似乎永无止境，疯狂地猛烈地袭来。这绝对就是蒙古高句丽之云，宛如地狱派来的使者。如今这宇宙之中，是谁握着放出这等怪物的权力？

"蒙古高句丽"的说法来自与战争相关的历史传说。在历史上，元军（对当时的日本来说，为元朝时的蒙古军队）来袭的时候，日本的兵士和百姓被凶暴、善战的蒙古和高句丽的军队吓破了胆，觉得他们简直就是非人的怪物。对方穿着自己从没见过的衣服，体形、长相和自己也不同，且说着让人听不懂的语言。这风俗习惯皆不同的"异民族"用着和日本军队完全不同的战术打法突袭而来，对当时的日本人来说是何等恐怖之事啊！人们至今还能在"蒙古高句丽"这个词语中感受到恐怖。"核爆"这个怪物唤醒了在日本民众心中沉睡了数百年的、传说中从地狱而来的使者——怪物"蒙古高句丽"（研究表明，井伏鳟二的《黑雨》是基于重松静马的《重松日记》创作的。但在《重松日记》中没有"蒙古高句丽"这个词语，这可能出自井伏鳟二自己的想法，也可能是借用了其他核爆文献中的词语）。

文艺评论家井口时男对井伏鳟二作品中的人物对于霹咔咚的感觉，即对于天崩地裂的灾难之感受这一点进行了着重评价。对于日本的百姓来说，这和地震、海啸、火山爆发、山体滑坡、雪崩、洪水、台风和雷击等天灾相同，都是超过了人的可控范围，除了低头俯首等着它来临以外毫无他法。

这种对霹咔咚超自然力量的感性认识，和对沉睡于太平洋的海底被核爆唤醒的哥斯拉、安吉拉斯、空中怪兽拉顿，以及巨大的飞蛾怪物摩斯拉，奇形怪状的人类怪物玛坦戈等的感性认识是吻合的。这些超自然的东西最初都难以命名，都被冠以诡异的名字，作为"怪兽"和"怪物"在银幕上出现。诡异的名字本身体现了其诡异的性质（比如哥斯拉的名字是从大猩猩加鲸鱼①而来的)，这只能解释为由于人们感受到了难以名状的恐怖，所以用超自然状态的名称对这些怪兽怪物进行命名。无论是"蒙古高句丽"，还是"吴尔罗哥斯拉"，抑或是"婆罗陀魏山神巴朗"②，都是从日本民间习俗中的"稀人"③ 信仰生出来的，给人一种作为客人的印象。④

8. 核战争之恐怖

根据电影《哥斯拉》剧本故事创作的小说，香山滋的小说《怪兽哥斯拉》(1983 年) 中，哥斯拉被描绘成是传说中小笠原群岛南端的大户岛上的怪物。小说中对它的说明是"在海中生存无方的怪物，出来破坏农田、掠夺家畜"。形象来自民间传

①哥斯拉的日文发音为"gojira"。大猩猩的日文发音为"gorira"，鲸鱼则是"kujira"，哥斯拉的名字由二者部分发音拼合而成。

②"吴尔罗"和"婆罗陀魏山神"分别是怪兽哥斯拉和怪兽巴朗的日文音译汉字名，有着奇妙诡异的风格。

③"稀人"，是一个民俗学概念，由日本民俗学家折口信夫提出。他认为在日本各地普遍存在的，招待来访客人并为其提供食宿的风俗习惯是来自"稀人"信仰，即相信神和逝去的灵魂会不定期地到访人间，接受人的款待。

④花田俊典在《冲绳是哥斯拉吗》(《沖縄はゴジラか》) 一书中对作为"稀人"的哥斯拉进行了讨论。折口信夫民俗学理论中的"稀人"，作为从他界来人间的神，既带来幸运，也带来厄运。应该把被称为"吴尔罗"的哥斯拉看成为民俗信仰中的"荒神"。台风、地震、洪水、干旱、雷暴等(对民众来说，战争和恐慌也同样)，这些凶猛的自然力的作用都是来访的"稀人"带来的。——原注

说，游过大海而来且会掠夺田地和家畜的怪物哥斯拉，仅是这样的特征足够被冠以"蒙古高句丽"之名了。而哥斯拉形象的进一步升级是在"第五福龙丸"被美国的氢弹试爆所辐射后，东宝公司的宣传部门做了《哥斯拉》电影的大型海报，在海报上加上了"氢弹爆炸大怪兽电影"的副标题，又配上"喷吐着死之辐射能量的怪兽袭击全日本""辐射大怪兽的淫威把全日本逼到了恐怖的谷底"等醒目的宣传标语开始的。

从霹咔咚联想到哥斯拉、拉顿以及玛坦戈，可能会有很多人批评我想得太多了。但是，在电影中把日本的都市破坏殆尽，口吐放射性热能光束的哥斯拉，与在日本都市废墟的高空中飘浮着的，视觉表象为蘑菇云的霹咔咚难道不相似吗？哥斯拉对都市的破坏不得不让人联想起空袭对都市的破坏，特别是对广岛、长崎的毁灭性破坏。

在电影《哥斯拉》中有一幕是这样的，被哥斯拉喷吐的放射性热能光束击中的城市火光漫天，没能迅速逃走的母子在建筑物的阴影中瑟缩着，搂着三个幼子的母亲在飞舞的火星中喃喃自语道："去爸爸那里了，很快，很快，就要去爸爸那里了。"

这位母亲的话，对于当时的观众来说很容易理解。在空袭的敌机扔着炸弹和燃烧弹的时候，被火焰包围的年轻母亲会对孩子们说"要到爸爸那里去了"。"爸爸"指代的就是二战中战死的日本军人。电影《哥斯拉》明显带有影射战争的意味。那是对战争中的灾难——原子弹爆炸和氢弹试验——提出的明确控诉。哥斯拉和比基尼泳装、被辐射的金枪鱼、禁止原子弹氢弹运动一样，都是比基尼群岛的氢弹试验的衍生之物。

接下来看看另一部讲述人类变异成蘑菇的电影《蘑菇人玛坦戈》，就更能明白地理解自《哥斯拉》之后，东宝公司一系列特摄电影均含有核爆和核战的恐怖隐喻。因氢弹试验导致变异的蘑菇人玛坦戈，吃了蘑菇的人类都变成了蘑菇形的怪物，即被恐怖的辐射污染而成为变异生物。相比哥斯拉这种"外向型"的氢弹怪兽，玛坦戈是"内向型"（体内被辐射）的氢弹怪物。《美女和液体人》中的液体人、《透明人》中的透明人以及《气体人第一号》中的气体人，都是身体内部辐射导致的变异，是由广岛、长崎核爆之后开始的核危机的可视化具象表现。

东宝公司制作的电影中，和上述特摄电影系列主题相关的还有一部1961年制作的科幻电影《世界大战争》（松林宗惠导演），讲述以朝鲜半岛核爆发为起点，世界各国全面爆发核战从而灭亡的故事（该电影的剧本作者是前面提到过的木村武和他的剧本创作老师八住利雄）。

电影中，演员堺正俊饰演的主人公田村茂吉是给外国记者俱乐部开车的司机，是个喜欢买股票，相信购买军工股就能过上好日子的小人物。在冷战的形势下，电影中联邦国和同盟国各自部署核攻击计划，危机一触即发。终于，因人为误操作导致核弹按钮被触发。东京市民不知该逃向何方，极为恐慌。知道保命无望的主人公和家人一起共进最后的晚餐，当时主人公家所在的街道已一片空寂。希望给妻子买别墅，送大女儿幸福地结婚，二女儿去当乘务员，让儿子上他没上成的大学，而努力地生活的主人公走上房子的二楼，流着泪，不断地大声吼叫。空无一人的街道扬着飞沙，打着团扇太鼓①且口念着《妙法莲华经》的经文的日莲宗②教众正渐渐走过来。这一镜头令人印象深刻。主人公一家快要吃完饭的时候，正是第一枚核弹到达东京之时，随后纽约、莫斯科、巴黎、伦敦相继发生核弹爆炸③（美国在 1952 年制作了电影《入侵美利坚》，影片中有名称不详的敌国侵略美国，用原子弹毁灭了华盛顿、洛杉矶和纽约等都市的噩梦一般的情节）。

　　从小说创作来看，作家松本清张的小说《末日来临》（1963年）也是基于类似想象创作的。对以推理小说闻名的松本清张来说，这部小说是其创作的非常罕见的科幻作品。小说的内容

---

①团扇太鼓，一种日本太鼓。鼓为圆形，下附一柄，样子似团扇。

②日莲宗，日本佛教宗派之一，自日本镰仓时代开始兴起的佛教宗派，又称日莲教、法华宗。此宗派僧人常诵读佛教经典《妙法莲华经》的经文。——编者注

③电影《世界大战争》上映前一年，即 1960 年，日本第二东映公司制作了电影《第三次世界大战　41 小时的恐怖》。由日高繁明导演，主演为梅宫辰夫、三田佳子，影片内容和《世界大战争》类似，以朝鲜战争为背景，表现第三次世界大战开始，世界各地的都市相继被破坏。——原注

从"太平洋自由条约机构"下的Z国，因人为失误把五枚核当量①500万吨的核弹连续射向日本这一情节开始。

在小说中，日本首相得到消息的时候，离核弹到达日本还有43分钟。发射拦截导弹打掉两三枚核弹是有可能的，但是另外两三枚核弹落到日本是无可避免的。就算是两枚核弹落在日本，核当量也有1000万吨，相当于广岛原子弹爆炸威力的500倍。而面对这一情况，日本首相为首的权力阶层毫无作为，百姓恐慌，全体混乱无序，无法可想。

电影《世界大战争》和小说《末日来临》，一个是把对核战争破坏性的描写通过个人的喜怒哀乐表现出来，一个则是通过执政者的意识层面刻画入手，从这种创作侧重点的不同也可以看到创作者想象力的差异。

9. 作为人之怪兽

以《被辐射者电影：日本电影中广岛与长崎的核形象》②

---

①核当量，指核武器爆炸时释放的总能量，通常用释放出相同能量的TNT炸药的吨位来度量。——编者注

②《被辐射者电影：日本电影中广岛与长崎的核形象》(《ヒバクシャ・シネマ：日本映画における広島・長崎と核のイメージ》)，现代书馆1999年7月版。

为题的电影评论集收录了琼·A. 诺里埃卡①撰写的《哥斯拉与日本的噩梦》一文。② 文中指出电影《摩斯拉决战哥斯拉》中导致摩斯拉岛荒芜的原因即为原子弹、氢弹爆炸试验。所以很明显，摩斯拉和哥斯拉一样，也是原子弹、氢弹爆炸的受害者。（和前述的观点一致，即安吉拉斯、拉顿、摩斯拉、德古拉等怪兽或多或少都受到了原子弹、氢弹爆炸试验的影响。）

必须指出，正如丸木位里和赤松俊子的绘本《霹咔咚》最后一页写的结论——"霹咔是人扔下来的，是人让它掉下来的哟"，即"霹咔咚"和地震、洪水、火山爆发等严重的自然灾害不一样，是人为的灾难，这种无法言喻的凶恶之灾就是"人

①琼·A. 诺里埃卡，电视和数字媒体研究者、博物馆策展人。就职于美国加州大学洛杉矶分校。——编者注
②"被辐射者电影"是以在广岛、长崎的原子弹爆炸被害者们的悲剧故事为主题的一系列电影的总称。和核爆系列电影的不同之处在于，乍一看似乎并没有被害者登场，但实际讲述的是核爆被害的故事。无论是黑泽明的《活人的记录》《八月狂想曲》，还是《哥斯拉》《蘑菇人玛坦戈》都属于这一类电影。此类电影还包本书中没有提到的《纯爱物语》（《純愛物語》，1957 年，今井正导演），《爱与死之记录》（《愛と死の記録》，1966 年，藏原惟缮导演），《梦千代日记》（《夢千代日記》，1958 年，浦山桐郎导演），《如果和父亲一起生活》（《父と暮せば》，2004 年，黑木和雄导演），《夕风之街 樱之国》（《夕凪の街桜の国》，2007 年，佐佐部清导演）等作品。另外，在剧情中有个人制作开发原子弹内容的电影有《亿万长者》（《億万長者》，1954 年，市川昆导演），《盗日者》（《太陽を盗んだ男》，1979 年，长谷川和彦导演），《昭和歌谣大全集》（《昭和歌謡大全集》，2003 年，篠原哲雄导演）等。——原注

祸"。

哥斯拉的英文名为"GODZILLA"。这个单词中有"GOD"，即意为"神"的这个词，明显不是偶然的。哥斯拉是"地狱派来的使者"，它是能如天火焚毁索多玛与蛾摩拉①一样的存在，具有绝对该被敬畏的"神"做出的审判之义。（高桥敏夫《哥斯拉到来之夜》，1993年）

在大和书房出版的《怪兽哥斯拉》的解说文中，学者竹内博指出，创造其形象的作者香山滋设定哥斯拉是从"两百万年前"的世界苏醒的怪物。在电影中，由演员志村乔扮演的山根恭平博士也是如此说明的。哥斯拉这样的肉食"恐龙"在地球上活动的时期是侏罗纪和白垩纪，大约是一亿几千万年前；而"两百万年前"是直立人类的祖先，南方古猿活动的时代。这么大的时间差，应该不是香山滋在设定时犯的低级错误。竹内博认为哥斯拉和人类的祖先生活于同一时代。创造了哥斯拉形象的香山滋应该是有意识地想把哥斯拉与人类的身影相重合。

这个如同神话怪物斯芬克斯一样的怪物形象是人创造出来的。无论它有多么奇异怪诞、多么超乎想象、多么凶暴有力，甚至像神一样威力无边，也无非是人类内心邪恶的一种写照，是人类这个"造物主"创造出来的"人工"怪物。因此，它带来的灾难就是"人祸"。

---

①索多玛与蛾摩拉，《圣经》中记载的罪恶之城。

它绝对不是最后一个，如果氢弹试验继续下去的话，哥斯拉的同类说不定还会来到这个世界的。

电影《哥斯拉》的最后一幕，山根恭平博士这样说道。哥斯拉是人类创造出来的，所以还可以继续创造出来。这其中的几只可能已经在这个地球上的某个角落里醒来了。

在《哥斯拉》之后的怪兽电影里，怪兽与核爆的关系似乎流于形式。比如电影《三大怪兽：地球最后的大决战》（1964年）中，作为哥斯拉和摩斯拉的对手，首次登场的王者怪兽基多拉被设定为有着三头、两尾和双翅，毁灭了外星文明的"恶龙"。虽然其诞生情况和习性不明，但至少和原子弹、氢弹爆炸以及核辐射没有直接关系。

另外，为了对抗东映公司和东宝公司的"哥斯拉"系列电影，大映①推出了电影《大怪兽加美拉》（汤浅宪明导演，1965年）。电影讲述了搭载着核弹、所属不明的飞行物坠落并引发爆炸，爆炸冲击波使在亚特兰蒂斯大陆的冰层下沉睡了八千年的怪兽加美拉突然苏醒。

不过加美拉与原子弹爆炸、核辐射的关系仅限于此，该电

---

① 大映，即大日本映画公司，角川映画的前身。1942年成立，1971年破产倒闭。——编者注

影很明显只是简单模仿了《哥斯拉》电影的背景，没有其他更多的积极意义。电影中的加美拉喜欢地热、煤炭等能源资源，所以必然也喜欢核能。除此之外，能与"核"相联系的情节很少。特别喜欢能源的贪婪的加美拉，与其说是原子弹、氢弹爆炸的恐怖的象征，不如说是一种贪婪的能源消费欲望的象征，是产业社会的缩影。"加美拉"系列电影中加美拉有昭和时代风格的形象也有平成时代风格的形象，但无论哪一个都逃不出对"哥斯拉"系列电影中哥斯拉形象的模仿范畴。

第二章　阿童木与核能的和平利用

1. 阿童木、钴金刚和乌兰

前一章讲述了原子弹所谓危害之物的情况。但是，以基于核能的原子取名的一个动画形象却是十分惹人喜爱。不用我说，大家也猜到了吧，就是手冢治虫笔下的漫画主人公铁臂阿童木①。在成为漫画和动画片作品之前，阿童木的诞生故事却并不广为人知。这是了解阿童木这一形象非常重要的背景元素，所以就先从这里说起吧。

世界闻名的机器人科学家天马博士唯一的儿子飞雄在车祸中丧生，悲痛不已的博士制造了和儿子长得一模一样、具有人

①《铁臂阿童木》的主人公阿童木名字的日语发音为"atomu"，从英文的"atom"而来，意即原子。

类情感的机器人阿童木。但是，阿童木到底只是机器人。天马博士看着不能成长的阿童木，意识到他并非自己的儿子，就把他赶出了家门，卖给了马戏团。善良好心的科学厅长官茶水博士把阿童木带回家，制作了机器人，作为他的父母、弟弟和妹妹。阿童木在心怀正义的茶水博士的教导下，成为"正义的"机器人，在精神上得到了成长。①

漫画《铁臂阿童木》自 1952 年开始在光文社的《少年》杂志上连载，并被改编成了电视动画（1963 年开始播放）。上述情节是漫画最初的设定。在漫画中，阿童木的内部构造图出现了很多次，他的心脏是"超小型核能发动机"。据称，"这就是阿童木的能量来源，其中有电子脑"（《少年》1956 年 4 月号）。阿童木的内部装置中，这个"电子脑"似乎最为重要，作为阿童木名字来源的"核能发动机"反倒并没有特别受重视。

所以，从现在的观点来看，与其说铁臂阿童木是核能科学之子，不如说它是计算机科学之子。自然，作者手冢治虫在当时还没法预想到即将到来的"计算机社会"。虽然，他预想的机

①《铁臂阿童木》在一定程度上可以说是展现阿童木成长过程的教养小说。把阿童木从马戏团买来，把他的力量从"十万马力"升级到"百万马力"的茶水博士，尽力把阿童木教育成具有情操的"心地善良的科学之子"。在动画中，抹去了阿童木的阴暗面（成为孤儿，只有科学性而没有人性），而是单纯地把他塑造成一个惩恶扬善的小英雄，作者手冢治虫曾经表达过对此处理的不满。——原注

器人工学现在只发展到了阿童木故事中的初级阶段，但计算机科学（电子脑）的发展却远远超出了他当时的预想。

阿童木名字的英文是"ATOM"，即英文单词"原子"。"原子弹"（英文为"atomic bomb"）的英文名也是来自这个单词的派生词。后来，漫画中的阿童木还有了父母、弟弟和妹妹，妹妹的名字叫乌兰①［在乌兰这一形象诞生之前的《钴金刚之卷》（《少年》1954 年 9 月号）中还出现过一个叫"乌兰 M44 号"的反派角色］；比阿童木瘦一点，脸形长一点的弟弟叫钴金刚。阿童木一家人可谓是"原子家族"。

漫画《铁臂阿童木》的前身叫《阿童木大使》。漫画家手冢治虫在其带有自传性质的随笔集《我是漫画家》（1979 年）中表示这是一部以和平利用核能为主题创作的作品。

　　绞尽脑汁想了很久，想起了圣诞岛②核试验的事情。啊，这种技术能不能得到和平利用呢？我感到有些担心。我构想了一个和平使用核能的国家的故事，名为《阿童木大陆》。"阿童木"这个说法，当然就是原子的意思。

　　然后，编辑部认为"大陆"这个说法太宏大了，带有

---

① 乌兰，日文发音"uran"的中文音译，该词意指铀元素。
② 圣诞岛，此处指圣诞岛试验场，为美国核试验场。该岛屿位于太平洋岛国基里巴斯境内，美国在此进行过 24 次大气层核试验。——编者注

个人性质的词会更好一点。所以，我赶在截稿的最后一刻改成了《阿童木大使》。坦率地说，当时也没有什么特别的想法和构思，只是脑子里浮现了一个标题并使用了而已。

"心地善良的科学之子"——阿童木是从日本在二战后对科学的信仰之中孕育的人物形象。这个过程十分曲折，在手冢治虫的最初设想中，"阿童木"并不是作为主人公的名字，而只是作为对原子的指代名称。

日本之所以败给美国是因为科学发展不够成熟，没有科学的思考能力。这样的说法在二战后的日本十分流行，也的确有其正确的一面。在不断反省中滋长的对科学的强烈信仰也是二战后日本社会的一大特征。向科学合理性、科学思考方式及理性的过度的倾斜导致日本人出现了"科学万能"的想法。因此，作为未来能源的核能成为了科学时代的象征。

文艺评论家荒正人有一篇名为《原子核能（火）》（收录在小田切秀雄编《核能与文学》一书）的文章，且该文章作为文学家中最早批评核能及核爆的文章而闻名。这篇文章讲述了核爆被害者的切身经历，同时也是表达了二战后日本人对"核能"的矛盾看法。文中多次提到了普罗米修斯盗火的希腊神话。谈到火的历史时，作者认为普罗米修斯带给人类的第一种火是自然之火，第二种是电气之火，第三种是核能之火。关于火的历史，作者感叹"被诅咒的作为双刃剑的火啊"，注目于其破坏性和建设性并存的"双刃剑性质"。文中这样写道：

> 发动机、直流发电机，此后也会出现原子发动机吧。人们无法完全驾驭火药燃烧的力量，所以只用它做了硅藻土炸药。利用核能作为发动机能量，肯定也要历经曲折的过程。但是，一定有一些"普罗米修斯"会沿着这条路前进吧。那个时候，人类会站立在多高的地方呢？得到了宙斯之火的人类，总算获得了将雷霆之力握于掌中的成功。那么，发现与创造核能有着什么样的意义呢？我想称它为"人工之星"。

败北于科学兵器原子弹的日本的文学家，梦想控制代表科学精神的"原子之火"，将其做成"人工之星（人工恒星？太阳？）"，这篇文章阐述的科幻小说一般的梦想十分引人注目。可是核能的无限可能性，会带来以"原子弹、氢弹爆炸"这种形式的灾难，落到和荒正人一样的日本人的头上，但这一点似乎被人们遗忘了。

曾经是医生（科学家）的手冢治虫创作出的阿童木的故事，同荒正人这样的科学乐观主义（他属于把二战后被解放的体验称为"第二青春"并感到高兴的战后一代文学家）所表达的态度是一致的。虽然能够通过相关思考感受到战后生还的人、继续生活下去的人的特殊性，但或许出于战后日本人共有的科学乐观主义，人们还是会把科学的进步与人类的进步直接联系在一起。

2. 作为和平利用核能象征的阿童木

我在此引用的关于阿童木的"事实"，包括作为阿童木前身的《阿童木大使》，在杂志《少年》上从 1951 年 4 月连载到 1952 年 3 月。《铁臂阿童木》的连载则从 1952 年 4 月开始。漫画的连载时期看似无关紧要，但在现实世界中，"和平利用核能"说法的出现是以美国总统艾森豪威尔在 1953 年 12 月联合国大会上做了主旨为"和平利用核能"的演讲为契机的。在发表这一题为"*Atom for Peace*"（核能为和平）的演说之后，美国开始不断进行原子弹、氢弹试爆。因此，我们不能按照其所宣扬的去认识美国的行为。考虑到美国的这一系列操作，就会明白所谓"和平利用核能"的说法，只不过是美国认识到了苏联的核武力量威胁后，为了和其盟国、友好国家建立新的核主导体制而进行的准备，只是冷战的一个战略而已。

听了艾森豪威尔的演说后，日本人明确地将核电站作为和平利用核能的手段来实行是在 1955 年。这一年，首次把核能相关内容写进政府预算，制定了《原子能基本法》，还设置了核能委员会。"和平利用核能"的曙光出现了。

《阿童木大使》和《铁臂阿童木》的出现早于艾森豪威尔

的演讲，也早于日本通过建设核电站实施核能和平利用的计划
（这项技术已经在当时通过制造核能潜水艇得到证实）。手冢治
虫在大阪大学附属医学专门部学习医学，后在奈良县立医科大
学取得医学博士。他作为一位科学家（医学专家），从"和平利
用核能"这一想法中，孕育出了领先社会潮流的"科学之
子"——阿童木。这种预见性是必须被肯定的，我想这也令他
引以为傲。

不过，拥有"超小型核能发动机"的阿童木形象大受欢迎，
与日后在日本作为"和平利用核能"手段而引入的核电站，以
及引入核电站相关的政治性、社会性过程和产生的结果又有何
种关联性呢？自1954年"第五福龙丸"被辐射所引发的"死之
灰"问题引起公众注意之后，在反对原子弹、氢弹试验，以及
反核能的社会运动中，阿童木又扮演着怎样的角色呢？

事实上，《铁臂阿童木》中，虽然作者手冢治虫的本意是
"从和平利用核能的话题出发讲故事"，但提及核能的和平一面，
以及安全性与便捷性的内容却并不多［此段内容参考的是《阿
童木大使》《铁臂阿童木》的最初合集，《铁臂阿童木》（原版
复刻大全集），即《少年》杂志最初连载的原文复刻本］。首
先，阿童木是由"疯子科学家"天马博士制造出来的。有着比
较不幸的背景设定。虽然被正义的茶水博士（"养父"）收养，
但其所处原生家庭的天马博士（"生父"）给阿童木的幼年蒙
上了阴影。尽管后来的情节有二者达成和解的内容，但阿童木

的身世背景却是无法改变的。

其次，如手冢治虫亲口所言，铁臂阿童木这个少年机器人形象本身并不是"和平利用核能"的体现。它是由"和平利用原子"为主题而设想出的《阿童木大陆》开始，几经变化而诞生的卡通形象，可能只是有了阿童木——原子之"和平利用"这一先行概念，而由此演变出的形象。

日本核能的发展是在同美国中央情报局（CIA）关系很密切的正力松太郎、中曾根康弘等政治家和舆论制造者的大力倡导下开始的，加上茅诚司、伏见康治等科学家的倡导，在没有考虑日本学术会议①的反对派学者意见的情况下决定的。这种具有秘密策划的硬伤背景和上述阿童木的诞生背景似乎颇为相合。当然，作为宣传和平利用核能先行者的阿童木与后来"核能政治"中那些见不得人的污点并没有直接关系。但是，艾森豪威尔的"*Atom for Peace*"的演说绝不是为了推动人类"科学文明"或"核能科学"的正当化进步与发展；而是以"和平利用核能"为借口，意欲对核能实施控制，以牵制敌对的苏联，强化美国和其盟国（包括日本）所主导的世界霸权。这种意图是十

①日本学术会议,日本内阁的特别机构之一,为代表日本科学家的行政机构。——编者注

分明确的。①

　　作为盟国的日本也有污点。关东大地震的时候，对遭到示威游行人群袭击的在日朝鲜人②不闻不问，或者说放任对朝鲜人的屠杀行为导致伤亡人数增加的正是当时负责管理特务警察的正力松太郎。后来他进入了政界，据说是因为觊觎首相的宝座而推动日本"核能"发展计划的。③

　　此后，把日本比喻为"不沉的航母"④，引起国民不快的中曾根康弘以日本核武装化为终极目标而独揽了核能行政大权。

---

①在艾森豪威尔进行主旨为"和平利用核能"的演讲之后，美国的氢弹爆炸试验一直继续着。表面上说着和平利用核能是终极目标，实则是见到苏联的氢弹试验成功后担心苏联要用核武器称霸而进行的核竞赛。美国制造"鹦鹉螺"号核潜艇、制造与贩卖浓缩铀、制造钚等行为，谈不上是开发武器，也谈不上是和平利用核能，这些行为处于模棱两可的定义范畴。不过，最起码可以说这是意欲以"核"称霸的西方国家对苏联发起的核对抗。——原注

②关东大地震，指 1923 年 9 月 1 日日本关东地区发生的 7.9 级强烈地震，伤亡约 10 万人。当时有谣言称朝鲜人纵火，导致在日朝鲜人被屠杀。同时，日本政府也借此机会屠杀革命党人和侨居日本的中国人、朝鲜人。

③在学者佐野真一的《巨怪传》(《巨怪伝》)等著作中详细地记述了正力松太郎在日本的核能发展中起到的作用。学者有马哲夫的《原发、正力、CIA：通过机密文件读懂昭和的黑暗历史》(《原発・正力・CIA：機密文書で読む昭和裏面史》,2008 年)和《日本电视与 CIA——发掘出的〈正力文件〉》(《日本テレビと CIA 発掘された〈正力ファイル〉》,2006 年)这两本书中详细讲述了正力松太郎与美国中央情报局(CIA)的关系。——原注

④1983 年，时任日本首相的中曾根康弘承诺要将日本打造为美国在太平洋上"永不沉没的航母"，协助美军抵御来自苏联轰炸机的威胁。

他在田中角荣时代作为通产大臣①，通过了"电源三法"②，要求全国各个地区使用核能电力，这样电力公司可以收取更多的电费。通过电力公司上交大笔的补助金，将这些钱用于建设核产业，即作为"核能费"，用于"核能集团"③ 的循环运营。该集团包括了期望获得巨额核研究预算的茅诚司等学术界专家，横跨政商界和学术界、想要掌握指导权的松前重义（日本东海大学校长，历任日本社会党国会议员）等，就是这些与二战后日本社会"黑暗势力"勾结的人在"和平利用核能"——将核能发电的引入与推进方面发挥了隐秘的作用。

3. "幽灵船"的真身

被坏人拿到无线控制器后，机器人遭遇悲惨命运，突然从"正义守护者"变成了"恶势力象征"。和漫画家横山光辉的漫画《铁人28号》中的上述机器人形象设定不同，《铁臂阿童木》

---

①通商产业省，日本旧中央部门之一，承担着宏观经济管理职能，负责人为通商产业大臣。2001年日本中央部门组织调整后，通商产业省被改组为经济产业省。

②"电源二法"，指日本政府制定的《电源开发促进法》《特别会计法》《发电用设置周边地区整顿法》。

③"核能集团"，日语原文为"原子力ムラ（原子力村）"，是一个日语专有名词，讽刺由核能产业结成的政商学界的利益集团，如同村落社会一般。

中的机器人有着更接近于人（甚至高于人）的正义感和人性，忠实地遵守着以"机器人不得伤害人类"为首的机器人三原则①，具有守法精神。

但是，这种守法精神是茶水博士教育指导的结果。刚诞生不久的阿童木继承了疯狂科学家天马博士的理念，只是一个制造混乱的机器人。在创作出具有正义感、与人类为友的机器人形象之前，手冢治虫作品中大都是代表恶势力的机器人形象。但就算是《铁臂阿童木》，除了主人公阿童木（和他的机器人家族），其他的机器人也无非都是人类的奴仆，或是恶势力的手下，抑或是被外星人用来攻击人类的"敌人"。

所以，可以说阿童木是一个例外。与其说它表达了手冢治虫对"科学文明"的礼赞和对"原子科学"的信赖，不如说是表现了手冢治虫心中尚未从根本上消除对"和平利用核能"政策的疑虑。手冢治虫将在《铁臂阿童木》中未尽的表达寄托在了其下一部作品《魔神加仑》（1959 年至 1962 年连载于杂志《冒险王》）中。主人公加仑是外星人送到地球上的巨人机器人，是外星人用来测试地球人是否能惩恶扬善的武器。毫无疑问，加仑是石油的容积单位。在加仑的心脏部位有一个小孩形

---

① 机器人三原则，1940 年由美国科幻作家艾萨克·阿西莫夫提出的对于机器人的行为准则。原则第一条为机器人不得伤害人类；第二条为机器人必须服从人类的命令，除非与第一条相矛盾；第三条为机器人必须保护自己，除非与第一、二条相矛盾。——编者注

状的操控键，只有一个叫匹克的孩子才能操控加仑发挥正义力量。没有匹克操控的加仑会变为像恶魔一样的机器人。加仑是集善恶于一身的，它和仅限于只能"维护正义"的"好孩子"阿童木形成了对比。

《铁臂阿童木》中也影射了比基尼环礁的氢弹试爆之事。杂志《少年》在 1954 年的夏季大增刊中登载了其中名为《珊瑚礁冒险》的一个漫画章节。故事发生在浓雾弥漫的海上，一艘黑色的船无声无息地开来，这艘船的船员们在翌日纷纷死去。阿童木请求渔船的船长寻找这艘幽灵船并弄清事件的始末。原来这艘船靠近了氢弹试验的场所，船员遭到辐射而死去，船就那样随波漂流。

阿童木请求茶水博士给自己制作了机器人所没有的"恐惧心"之后便去寻找这艘"幽灵船"。在其过程中，阿童木看到了氢弹试验区中奇形怪状的动物。那一天正好就是爆炸试验日。阿童木战胜恐惧，把被放置在试验区中装载着动物的船带到了安全的地方。

作者想要通过这个漫画章节传达的信息是明确的。本来不具有恐惧感的机器人阿童木，被植入了"恐惧心"，然后克服了对幽灵船和氢弹试验的恐惧，去帮助被用于实验的动物。这是对克服恐惧、实践人道精神的阿童木所体现出的勇气与正义感的赞颂。

但是，更进一步考虑的话，作者真正想说的难道不是氢弹试验是多么恐怖这件事本身吗？比基尼环礁的氢弹试验导致辐射扩散、环境污染，这种恐怖是真正的恐怖。作为"科学之子"的阿童木被赋予的任务之一是对"科学"的产物能够正确地感知到"恐惧"。被辐射的金枪鱼及其他的水产品、农作物引发的危害之一就是让人感到恐惧。就像黑泽明导演的电影《活人的记录》中所表现的，得了"核辐射恐惧症"，或是得"核过敏"的人在日本大有人在。但手冢治虫并不是要去宣扬恐惧，以及克服恐惧，使其消失；而是想说正视恐怖是十分必要的。象征着核能光明一面的阿童木，也有着自身的阴影，正确认识到阴暗的一面便可以感受到恐惧。

《铁臂阿童木》中还提到了氢弹主题。前文中也提到过的，1954 年 6 月至 9 月的杂志《少年》登载的《钴金刚之卷》，是以阿童木的弟弟钴金刚的诞生为契机而展开的故事。这一漫画章节中就有一个故事：某国的飞机携带着氢弹飞往南太平洋基地，在途中发生了故障，连同氢弹一起坠入了离日本海域非常近的深海中。更甚者，这颗氢弹被设置成将在十天后爆炸。阿童木和弟弟钴金刚必须要在广阔的太平洋海底找到这艘搭载着氢弹的"B-29"轰炸机以防止爆炸。首次登场的钴金刚和阿童木一起将日本乃至地球从危机中拯救出来。在 1954 年，即使是在少年漫画中，也多有体现对氢弹爆炸及其所引发的辐射之恐惧。

4. 原子之火

设置在日本茨城县那珂郡东海村的日本核能研究所的核反应堆（东海第一号核能发电所，2001 年停止运转核反应堆，开始进行拆除工程）首次点着原子之火是在 1957 年。日本核能发电株式会社开始营业，进行核能发电是在 1966 年，即铁臂阿童木诞生的第十五年。

尽管都是核能，反应堆和原子弹却是善与恶的对比般的存在。另外，与不可再生的化石燃料、煤矿、石油和天然气等能源不同，能无止境地提供庞大能量的核能是科学无限发达的象征。作为其象征的铁臂阿童木这一动画人物正是有着核反应堆的心脏，才能上天入地地打击敌人。在战斗过程中，阿童木多次破坏了敌方的邪恶机器人。而且，幸运的是核反应堆没有发生任何事故。但是，靠近阿童木破损的机体则会被辐射。在《赤猫之卷》（《少年》1953 年 11 月号）的故事中，茶水博士正在修理阿童木的机体，对阿童木的同学四部垣说："不能碰他啊，碰了他会受到辐射，你就会死的。现在阿童木的身体和爆炸的原子弹是一样的。"这是《铁臂阿童木》漫画中的早期故事，随着故事的发展，与阿童木的核反应堆辐射相关的内容就变得很少了。

自然，对于核能发电等核能的和平利用（也有观点认为应该叫商业利用），世人并非全面赞成。制造业的核潜艇一次也没有到远洋航行就成了废艇而被解体处理，这体现了日本人对核能的忌讳态度。但是，以对待核武器这种敏感的态度去抗拒核能产业的人就不多了。看着铁臂阿童木成长起来的一代人（我生于1951年，和阿童木同龄）都明白科学技术是没有善恶的，而是使用者的"心"中有善恶。二战后的日本人，对于心中是否有"善"这一点并没有自我追问过。

总之，不是科学、合理、技术性地解释核能的善恶两面性问题，而是从一元的精神论上解释使用者之"心"的问题。所以，成为机器人漫画人物形象代表的是铁臂阿童木，而不是通过操纵机器忽"善"忽"恶"的铁人28号，正是出于对"心"的重视。这或许是二战后日本的科学乐观主义风潮造成的。不过，创造了精神主义式机器人阿童木的是拥有医学博士学位的科学家手冢治虫；而创造了机械论式机器人铁人28号的是对创价学会①抱有极强的信仰、精神主义倾向的横山光辉，这总让人觉得似乎有哪里不对劲。

2009年，大卫·鲍沃斯（David Bowers）导演了动画电影《阿童木》，该电影由美国、中国和日本共同制作。电影中的阿童木与核能毫无关系。为了代替死去的儿子，天马博士制作出

---

① 创价学会，日本佛教系新兴宗教团体，信奉《妙法莲华经》的教义，成立于1930年。——编者注

了机器人阿童木，它的动力来自叫作"蓝核"（善）的陨石，与"红核"（恶）有着相对的关系。阿童木和想要支配浮在空中的空中城的总督率领的机器人展开了搏斗并取胜，最终结局是人类和机器人、地面城市和空中城结成了友好关系。

这个现代版的阿童木有一点不同于手冢治虫的漫画，被其"父亲"天马博士所憎恶并遗弃的阿童木在电影的最后与"父亲"达成了"和解"。作为造物主的"父亲"与儿子的和解。在基督教（美国文化）和儒学（中国文化）中两大无上的存在，即在以"神"与"天"为核心的文化中，日本的漫画和动画片中没能与"父亲"相亲相爱的阿童木终于在这里修补了与"父亲"的关系。这并不是解决了蓝核（善）与红核（恶）的两面性问题，而是在善恶冲突中，同时破坏了两者而迎来的结局。这不是核裂变，而是核聚变的世界。在日本漫画中没有实现的事情，在电影《阿童木》中实现了。阿童木脱离了核能，成为了宇宙性的存在。

5. 反核运动与反核异议的功过

二战后的日本人，对于"霹咔咚"、哥斯拉和阿童木等代表的核能观，可以说认识上一直处于一种分裂状态。将此统一作为"核"的问题来认识，应该是从美国三里岛核电站与苏联切尔诺贝利核电站分别发生重大事故开始的。虽然二战后日本社会废除核武、反对核试验等和平反战运动一直持续进行着（这也是在"第五福龙丸"被辐射以后，人们认识到在广岛、长崎之外的地方也有核辐射，而且辐射雨可能落到自己的头上，不得不重视才真正开始的和平运动），但让人们对核能的"和平利用"产生疑问，认识到无论核武还是核电站都是核设备且同样危险的契机则是因为作家广濑隆的著作《把核电站建在东京!》（1981年）和《危险的话：切尔诺贝利与日本的命运》①（1987年）在20世纪80年代成为了畅销书。1986年切尔诺贝利事故发生后，其著作销量一时大增，社会上一度产生了"广濑隆现象"。

科学技术没有国境，核能无论用于武器还是和平利用都是危险的，日本人总算有了这样的共识。假设于我而言，火箭是"善"，导弹是"恶"。朝鲜民主主义人民共和国把自己在1998年8月发射的"大浦洞1号"（这个"大浦洞"的名字听起来很像"霹咔咚"，真是具有讽刺性。不过朝鲜自己使用的名字则是"白头山1号"）称为送人工卫星（"光明星1号"）上天的火箭，但美国、日本、韩国却称其为导弹。本来从技术角度上讲，火箭和导弹没有区别，都是一样的，不同的只在于装载

---

①1998年8月,朝鲜声明"大浦洞1号"成功发射,人工卫星"光明星1号"进入预定轨道。但是经过美国和日本截获的电波分析,此次发射活动是测试新型导弹的可能性很大。另外,在1993年朝鲜还试射了芦洞导弹,2006年试射了芦洞、飞毛腿和大浦洞导弹。——原注

的是人造卫星还是弹头，两者只是使用目的上的差别。因此，我觉得科学技术的使用全倚赖于人之"心"真的很危险。

从欧洲，特别是德国兴起的反核运动，传到日本并发展为联名签署运动，是在20世纪80年代初期。可惜的是这种"外部促发型"的反核运动没有什么具体成果，有些类似强制传销一样的运动方式也遭到了很多人的批判，最终运动无声无息地消失了。朝鲜拥有核武的嫌疑（这并不是嫌疑，而是已经进展到了核试验阶段），印度进行了核试验，巴基斯坦发表了拥有核武器的宣言，以色列拥有核武器也已是公开的秘密了，世界范围内的核扩散已成事实，反核运动自然也就失去了意义。反核运动也被认为是美苏核竞赛中败北的苏联使出的最后一招，想要通过它来削弱欧洲特别是在德国境内的北大西洋公约组织的核装备。另外，在日本有一部分文学工作者、知识分子和文化人对之前的"禁止原子弹氢弹试验运动"不做任何扬弃，只在大众媒体上一味地起哄。这和只会写个横幅表达"不让广岛悲剧重演"一样，在政治上毫无任何作用，不过是一场闹剧罢了。

但是，反核运动在另一种形式上促进了对反核电站运动思想上进行否定的潮流，这可能是必须要注意的。这源自吉本隆明在1982年所写的《"反核"异议》产生的影响。这部作品直接针对中野孝次在1981年主导的"控诉核战争危机的文学工作者声明"提出了批评。当时，美国总统里根实际掌控着放置在德国的核装备，德国的知识分子展开了以批判美国里根政府为中心的运动。

吉本隆明对反核运动的批判，是对自身文化中不具有且无法根植于本土的，如传销运动一样的联名反核运动的批判。不仅有其正确地批判上述联名反核运动，还同时作为对反核电站运动的批判也产生了效果，甚至效果更强。说着核能的和平利用，但最后又转到了军事开发和核武器的试验上。吉本隆明反对的是这种反核电站的逻辑。

从自然科学的本质上看，科学把核能解放出来，即（可能）对自然存在的核能进行驾驭。也意味着对作为物质起源的宇宙之构造获得了进一步的认识。这是对核能的本质性认识。一切有关核能的政治、伦理的课题，如果不以这个认识为基础，围绕着以核能废弃物的污染问题为中心的政治斗争只会落入伦理上的反动立场。

吉本隆明是日本的文学工作者中比较罕见的理科专业的批评家（吉本隆明毕业于东京工业大学研究生院化学工业系，也曾为生计而做过工业专利方面的翻译）。对他来说，核能的解放是科学上的重大发现，即有可能控制自然存在的核能。如果反对核电站，认为应该关闭核电站，就是剥夺了人类控制核能的可能性，则是"反动的"，是对科学的无知和蒙昧，是回归反动主义和原始主义。

从现代的视角看，吉本隆明这样的"核能拥护论"，没有脱离二战后日本"科学乐观主义"的思想藩篱。但在当时，从独立思考的角度出发，我们认为吉本隆明明确提出的"核能-核电站拥护论"（和"核电站推进派"的理论并不一样）是非常新鲜的。

另外，反核运动的中心人物中野孝次、大江健三郎、井上厦、小田实等文学工作者最终和推动"禁止原子弹氢弹试验运动"的"既成左翼"人士携手，并成了对方运动的代言人。我们一直没能消除对这种结局的反感和不适。这只是一种过度感伤，对国际政治的变化故意视而不见的自我安慰。

但是，吉本隆明对"反核"提出的异议，在现实中却确实从思想上弱化了以日本的核能行政、庞大的核能产业为明确目标，旨在"反核电站""反核能"的抵抗运动。许多文学工作者参与的反核运动没有明确的"反对核战争"这样的普遍的、理念化的主题，也没有和广濑隆与高木仁三郎[1]等人提倡的具体的"反核电站运动"联合起来。对于这一点，吉本隆明当然应该予以批判，但"反核"的理论也应该扩展到对"核能"的"和平利用"领域。可是，吉本隆明这名对二战后日本思想界具有极大影响力的批评家、思想家却起了适得其反的作用。"反

---

[1] 高木仁三郎（1938—2000），日本物理学家，曾多次对日本政府的核能政策提出建议。——编者注

核"的理论既没有向着"核电站推进派",也没有向着"核电站反对派",而是向着第三条道路发展下去,最终营造出了对核电站的存留与否的暧昧的"气氛"。

6. 电影《活人的记录》

吉本隆明曾经揶揄性地批判作家大江健三郎提出的"培养对终结世界的核战争的想象力"这样的"核终结论"。他在《"反核"异议》中说大江"简直是有着病理学意义上的被虐妄想逻辑","用奥地利心理学家弗洛伊德的理论来解释就是,大江健三郎的潜意识中有着核战争毁灭世界的意愿,为了有意识地打消这个意愿,从而主张培养对终结世界之核战争的想象力吧"(其实,大江健三郎本人在初期对核能的和平利用是持有宽容态度的,他认为这与发展原子弹、氢弹完全不同)。

但是,不仅仅是大江健三郎有这种对"核"的被虐情感与心理,战后的日本全体民众也带有这种"健全"的被虐情感与心理。战后日本人对"核",特别是"原子弹爆炸"和"辐射"所具有的这种"歪曲"的想象力做出评判和表现(应该说是揭露)的先驱性作品则是黑泽明的电影《活人的记录》(1955年)。

在对黑泽明导演的电影(以及其他的日本电影)中的原子弹爆炸场面,以及对核战争与和核爆炸危机感表现的研究方面,外国研究人员比日本的电影研究家和评论家都要热心。前文提及的，米克·布罗德里克（Mick Broderick）编著的《被辐射者电影：日本电影中广岛与长崎的核形象》，书中米克·布罗德里克写的序言和学者唐纳德·里奇（Donald Richie）写的评论文章《物哀——电影中的广岛》中都提到了《活人的记录》。此外，琳达·C. 埃里希（Linda C. Ehrlich）写的《极端无垢的时代——黑泽明的梦与狂想曲》和詹姆斯·古德温（James Good-win）写的《黑泽明与核时代》都是以黑泽明电影作品中表现的"核"问题为讨论中心的（该评论集中还包括前文提到的琼·A. 诺里埃卡的《哥斯拉与日本的噩梦》）。

这本评论集日文版结尾的"译者的话"中，该书日文版译者问道："为什么日本的评论家和研究人员不写这样的书呢，讨论以在日本投下的原子弹为主题创作的日本电影与漫画的评论集，难道不应该由日本的评论家和研究人员来写吗?"

我认为这是非常合理的疑问。如前所述，对战后的日本人而言，在"核爆-核能"的问题上只是极端情绪化与观念化的主题，几乎没有进行科学性与逻辑性的反思和讨论，只是说着"不再重蹈覆辙"这样连反省和谢罪的主语都没有的含糊之词，打着感情牌而已。

可以说，正是因为作为"被核爆者""被核爆国"，所以日本对"核爆-核能"有着极为"歪曲"的认识，对于无意识中说出的"核爆"相关话语和拍摄出的相关影像都无法做出批判与分析。

　　更进一步说，战后日本的文学工作者和影视工作者（电影制作者、影评人、影视研究人员）对"核爆-核能"的思考是被特定局限在广岛和长崎的核爆事件。没有将此作为自己身边的问题来看待。文学方面的工作也只依赖于原民喜、大田洋子、峠三吉和栗原贞子等人，让他们背负着巨大的压力，而自己则用遭受原子弹爆炸国家的国民身份向全世界宣扬着广岛和长崎之事。

　　《活人的记录》是在被称为电影大师的黑泽明导演所执导的电影中，日本的普通观众最"不能接受"的作品。原因很明显是因为电影的主题。电影中，演员三船敏郎饰演的父亲有着"核爆恐惧症"，要卖掉自己经营的铸造工厂，以便全家移民到南美。对他来说，南美是地球上唯一能够逃离核战争的地方。在其工厂中工作的儿女想方设法要消除顽固父亲的"妄想"，但无能为力。于是，他们以精神失常为由，向法庭请求禁止父亲处理其名下的工厂。

　　具有不现实想法的父亲与子女是黑泽明电影的一个重要主题。这一主题，在其把莎士比亚的作品《李尔王》的故事移植到日本战国时代的电影《乱》（1985 年）中也有体现。另外，从主题上看，电影《梦》（1990 年）中的分段式影片《红富士》《鬼哭》和电影《八月狂想曲》（1991 年）中也可以见到黑泽明对表现核战争或核爆内容的执着。

　　从电影中的设定来看，《活人的记录》中的父亲，与广岛和长崎的核爆之事并没有关系。他通过报纸和收音机了解到"原子弹、氢弹试验"，十分确信人类将因为核爆与辐射而灭亡，因此决定搬家到能够让人继续生存的南美去。

　　主人公与原配妻子的孩子、妾的孩子、情人的孩子一起生活，家庭生活中残留着宗族制的痕迹。主人公的原子弹、氢弹恐惧症似乎在现实中是没有来由的。自然，如前文所述的渔船"第五福龙丸"被氢弹爆炸导致的辐射事件也并非不会再发生，不知何时"死之灰"就会降到自己头上，金枪鱼等日常食用鱼和水被污染，日常生活中原本不可见的恐怖已经具象化成为现实。从这个意义上说，就像电影想要传达的信息一样，那些过着平凡的生活且丝毫不感到恐惧的"普通人"才是"异常"的，被视作无行为能力的精神病人而被收容进医院的"父亲"才是既有感性又有理性的人吧。

7. 黑泽明作品与核爆

　　这部以家庭争端为主线拍摄的作品，背景是 20 世纪 50 年代的日本社会。不能不说电影的主题、要传达的信息与这部电影自身的"表达方法"之间存在着矛盾。用当代人的视角来看，把《活人的记录》当作对 20 世纪 50 年代日本中小企业工厂从战争灾难走向复兴的写实记录是很有价值的，不同于导演小津安二郎的电影作品中对日本很快将进入（或者说刚刚进入）高速经济增长的那一段时期的"家庭"和"家族"的表现。

　　无论如何，以写实为基调的电影却表现了原子弹氢弹爆炸试验导致人类灭亡的这样科幻、神话般的主题，让人感到电影在"表达方法"上的矛盾和背离感。《活人的记录》中的"父亲"是二战后日本普通人家中长子、女婿的典型人物（事实上电影负责旁白的牙科医生一角更是典型），每日疲于应付生活，"人类灭亡的危机"这种不切实际的事情真的只能说是无行为能力人的妄想了。在电影中，"父亲"是一个只考虑自己"家族"的利己（利家）主义者，他意识到这一点的时候电影内容已经过半了。不过，他的觉醒有着中小工厂主的局限性，叫喊着要带上如同自己"家人一样"的职员一起移民南美的行为，无疑也是一种"家长制式担心"（奥地利作家卡夫卡的文学作品的主题之一）的体现。

　　为什么20世纪50年代的日本小工厂的"家长"非要肩负拯救家人于"人类灭亡的危机"的重担呢？而且，作为人类群体与个体的中间领域的"家族纽带"（共同体）关系也基本上不存在，即使从"人类灭亡的危机"这种文明论立场来看，"个人之死"这种现实性的促成因素也并不存在，而是从与"原子弹、氢弹爆炸"问题无关的"家庭安全"这种家长制的"家族中心主义"立场来阐述"原子弹、氢弹爆炸的恐怖"，让人感觉莫名其妙（二战后的日本已经不存在天皇这样的"父"或

"神"般的存在了）。坐在长廊下，摇着团扇，啃着西瓜，说着对"原子弹、氢弹爆炸"的疑虑，这种情形怎么看都让人觉得有不和谐之感。这也不是我个人的感想，在《活人的记录》中有多处让人产生奇特的不和谐之感，使得许多日本的黑泽明电影爱好者也无法接受这部电影。

电影《八月狂想曲》中，讲述了家庭成员生活在投掷原子弹的美国与被轰炸的日本的大家族的故事，这个家族以住在长崎农村的祖母为中心。无论是从外貌、语言，还是从民权思想看主人公的侄子都像是美国人，但对于祖母来说，他仍是"家族（血亲）"的一员。这部电影在最初上映的时候，外国记者评论认为，这部电影中关于核爆的"表现方法"，同《活人的记录》里的"被害妄想"一样，都是一种"被害者妄想"（还有一点是，美国向日本谢罪的情节）。电影中，"伟大的父亲"（祖父）是核弹爆炸的被害者，已经去世了。把二战后日本社会"父亲形象的丧失"归罪于美国这种"被害妄想"的思想出现在 20 世纪 50 年代的电影中还有情可原，但在 20 世纪 80 年代的电影中仍旧表现这点的话，就不得不让人觉得有些幼稚了。大师黑泽明则没有注意到这一点。

原本，这部电影是根据村田喜代子的芥川奖获奖作品《锅中》改编的，但是把小说中完全没出现的长崎核爆灾难的主题勉强加了进来。原作描写的是已经完全不记得自己有过兄弟的祖母与孙辈（互为堂兄弟、堂姐妹）共度夏季的故事。主题是表现"家族"与"血亲"相关记忆的有无。把这样的故事选在长崎这个特定地点，加进了原作小说中没有的核爆批判逻辑，成为了核爆被害者（电影中有一幕是市民清扫小学里的纪念碑，这是由真正的核爆受害者作为群众演员出演的）的故事，这样的内容别说是外国的电影观众（主要是美国人），就算是日本的电影观众也难以接受，这是毋庸置疑的。

当然，大师肯定没有想到会遭到这样的批判。他只不过是打算像制作电影《活人的记录》一样，再对日本"家族"中反映出的核爆问题做一次不同形式的讨论。从这一点上来说，《八月狂想曲》和《活人的记录》是没有太大差别的，但是这二者之间横亘着四十年的时间。日本人的核爆体验已经不再固执于"被害妄想""被害者妄想"；从人类普遍的"被害妄想"危机感出发的"禁止原子弹氢弹试验运动"经过了初期的繁盛，到了中期之后，向着四分五裂的态势发展了。

通过"我做了这样的梦"而串起来的短篇多段式电影《梦》的第六个故事《红富士》与第七个故事《鬼哭》也同《活人的记录》相关。将这些联系起来看，可以认为类似这种涉及家长制式的"核弹""核战争"的恐惧妄想是黑泽明自身的东西。《红富士》的故事开头，火焰高高蹿起，烧得一片通红的富士山，大批的人在逃跑。"我"（演员寺尾聪饰演）问：发生了什么呀？大家要去哪啊？人们说：核电站爆炸了，富士山喷发了，人们都在逃难。被辐射污染的雾呈现黄色，又带着青红色。虽然不知道在什么时候发生，但确实是发生了核电站事故，一个带着孩子的女子大叫着："应该把那些说核电站安全的人处以绞刑！"诚实的公司职员风之男（演员井川比佐志饰演）叫着"我就是该被处以绞刑的一个"，边说边跳进了大海。人们面对的选择是死于辐射或是跳入大海，地上留下了大量的衣物和行李，尸横遍野。

《鬼哭》中是主人公"我"走在荒凉之地。在见不到人影的不毛之地，有个衣衫褴褛的男人在走着。"我"追上去，看到男人的头上长着一只角。"我"大叫"鬼啊"，那人看着吃惊的"我"说他本来也是人，只不过愚蠢的人类发动了核战争，富饶的土地变成沙漠，人们都消失了，便变成了鬼。但是，植物却因为辐射而疯长，蒲公英长得高过了人的身高。碇矢长介饰演的鬼显得悲惨、滑稽又哀愁。真的是"众生万物"都在具有辐射能量的大气中，既失去了本性也失去了原形的悲惨状态啊。

换言之，《活人的记录》与《哥斯拉》（巧的是，二者几乎是在同　时期制作、上映的）都是创作者站在对原子弹、氢弹爆炸所具有的"被害妄想"的立场上制作的（不过，黑泽明与本多猪四郎本来就有着同事的关系。本多猪四郎曾作为副导演多次参与了黑泽明电影的制作，两人在原子弹、氢弹爆炸与辐射这方面也有共同的问题意识）。

自然，这种"妄想"是有根据的。对于非战斗人员的普通国民来说，在政治上对国家的宣战和开战完全没法持有立场，只有老实地承受战争中报复性质的攻击。这种包含广岛、长崎的灾难的战争记忆，对于一般的日本国民（与非国民）来说，足以形成"被害妄想"。可以说正是因为这是"妄想"，才更加具有现实性和冲击力。对于直接被害的人来说，有过剩的"被害妄想"且对被害的想象感到内心恐惧是十分正常的。

但是，随着时间的流逝，现在电影里的对"被害妄想"的表现已经距离直接被害有了距离感，成为了一种模式化的表现。讲述广岛、长崎（现在也可以加上福岛）故事的人在把核爆受害与战争受害作为故事反复叙述的过程中，把（只有）自己是被害者这一妄想强化了。"核爆文学"必须是在经历核爆之后，站在超越被害现实与妄想的立场上讲述的，"经历后"的、"之后"的故事。

作为"核爆文学"的代表作品，《黑雨》的成功之处即在于它的写作手法。描写核爆之后的平淡生活，在日常生活中时时闪现遭遇核爆的记忆。作者井伏鳟二说，这就像是把各种体验中令人印象深刻的场面"用扫帚扫在一起"一样。通过把各种核爆亲历者的经历的记录收集起来，没有亲身经历核爆的小说家井伏鳟二得以完成了"核爆文学"作品《黑雨》。

不过，对于《黑雨》的诞生有"接生"功劳的丰田清史日后极力批评《黑雨》，认为作者是剽窃了《重松日记》。该日记是重松静马记录核爆受害的日记，由丰田清史介绍给井伏鳟二，并成为了创作《黑雨》的重要参考资料。当然，对于丰田清史提出要井伏鳟二承认《黑雨》是在《重松日记》的基础上改写的作品这一点，井伏鳟二的回应是不够诚实的。但更本质的一点是，这是表现了核爆亲历者过于执着于个人体验而形成认识局限性的绝好一例。对重松的核爆体验日记弃之不顾，而井伏鳟二（非核爆亲历者）创作的《黑雨》却作为"核爆文学"的名作享誉世界，这令自身是核爆受害者的丰田清史感到无比的愤怒。井伏鳟二事前申请使用《重松日记》，也得到了对方允许，可以说没有什么特别的过错。对核爆体验的事实过于执着，使得文学作品失去了表现的自由性，这种不幸的事情可以说就是"核爆文学"的局限性。[1]

8.《赤脚阿元》的敌人

知名漫画《赤脚阿元》现在发行了中公文库漫画版七卷本。作者中泽启治是在广岛亲身经历了核爆的漫画家，《赤脚阿元》是他根据自身体验创作的"反核爆"的教育小说般的作品。

---

[1] 井伏鳟二的《黑雨》是在《重松日记》的基础上创作的，这一点从井伏鳟二本人的讲话中可以得到证实。不过这个日记本身并没有全部公开，丰田清史也没有公开自己复制的日记。所以无法让研究人员进行对照与分析。丰田清史主张的"剽窃说"缺乏文献上的依据。2001 年，重松静马的继承人公开登载了一部分日记。由此开始，此日记的内容与井伏鳟二的创作部分可以进行比较和对照了。——原注

　　作为少有的以核爆灾难为题材的知名少年漫画，《赤脚阿元》平均每一卷有 370 页，七卷共有 2500 多页。其中真正描写核爆悲惨场面的只占第一卷篇幅的三分之一，大约是 120 页：喊着"水，水"，像幽灵一样两手伸向前面，从脸到手脚，被火灼伤的皮肤在其行走中片片脱落的核爆受害者；跳入防火用的池塘中便死去的父母和孩子；在电车中抓着皮革吊环把手；一瞬之间死去的人的尸体上布满着蛆虫等触目惊心的悲惨场面。这样的描写在全体作品中只占有很少的一部分篇幅。

　　　　骨头大的是老师，周围都是小头骨。

　　　　驶过去的卡车，载的不是焦炭而是焦黑的人啊。

　　　　眼珠飞出去而瞎了的学童，尸体堆在小桥边。

　　上述正田筱枝的短歌集《散华》中描写的场面，《赤脚阿元》中也当然出现了，不过并不多。

　　作品的一大半讲的是核爆发生以前主人公中冈元的家庭故事，另一半是核爆发生后他经历了在被烧毁的废墟中、周围的岛上、被称为"核爆贫民窟"的村子、复兴的广岛的生活，以及变为成人的成长过程。作品主题并不是核爆这个事件，而是走出核爆阴影的少年阿元那朝气蓬勃的成长过程。

　　另外，这部漫画还被认为富有"反战""反核""批判天皇制"和"反美"的政治色彩。从这种意义上说，这部作品是为了某种特定的政治理念做宣传的作品。最初登载该作品的杂志是《周刊少年Jump》（集英社），然后是《市民》《文化评论》，最后是《教育评论》（日本共产党党派的杂志）这种有政治倾向的刊物，由此可见一斑。在漫画第七卷中，核爆孤儿、脸上留有瘢痕的女孩胜子认为"因按照杀人罪被判无期徒刑而关在监狱中的人，在日本可是太多了"，"首先，最大的杀人犯就是天皇啊，就是他的战争命令杀了那么多的日本人和其他亚洲各国的人啊"。考虑到商业性因素，还有来自各种团体的抗议、批判的压力，商业性出版社是不会冒险在自己的出版物上登这种话的（毋庸置疑，这是对出版自由的自毁和自杀行为）。

　　从一般的意义上说，教育小说是描写一个少年或是少女的成长过程的长篇小说作品。主人公和各种各样的"敌人""朋友""同志""恋人"相遇；有着与敌争斗、友情羁绊、亲人别离等各种情节。总之，和"敌人"的斗争与"恋人"的相遇是不可或缺的故事情节。在《赤脚阿元》中，最初登场的"敌人"是叫作鲛岛的街道主任，以及叫作木岛、沼田等主人公阿元所在"神山国民小学"的老师。阿元的父亲，即做木屐的匠人中冈大吉具有反战思想，因此阿元一家人被当作"非国民"而遭到了周围人的白眼和欺负。哥哥浩二受不了来自周围人的异样眼光，报名参加了海军而出征。一个姓朴的朝鲜人向阿元一家人伸出了援助之手，使这一家人总算是生活了下去。之后，他们迎来了1945年8月6日早上八点这一时刻。

惊天动地的灾难，就算是把家庭、职场和街道的共同体都破坏了，对剩下的人来说，"国家"这个大灾祸依然存在，从制度和体制衍生出来的"人祸"也无法避免。阿元一家去避难的渔师町的熟人欺负他们，把他们当作灾星，坏心眼的老婆婆和其孙子，都欺负阿元。更甚的是，阿元和朋友隆太卷入了与以废墟作为势力范围而耀武扬威的黑社会人士的争斗中。隆太在和"大场组""冈内组"等黑社会组织的成员的打斗中，犯下了用手枪杀人的罪行。阿元面前的"敌人"一个接一个地出现，他在和这些"敌人"或斗争或和解的过程中，一步一步向着"成长"迈进。他活力十足，具有不屈的斗志。幸运、勇气和乐天性格是他的武器，他和朋友用友情与互助化解危机，构筑了能让孤儿们共同生活的场所，通过出版描写核爆受害的小说来压制广岛的黑社会人士。

这种黑社会人士和核爆受害者的对立冲突，在中泽启治制作的动画长片《被黑雨淋了》中表现得更加明显，且在制作这部画长片时他身兼策划人、原作者、剧本改编者和制作人的多重职务。和阿元算是同类人的"赤马"酒吧的老板武司与黑社会人士或美国人对抗，核爆受害者的后代所面对的"敌人"在这里得到了明确［深作欣二导演的以复员士兵为主人公，在吴市或广岛与黑社会分子抗争的系列电影《无仁义之战》（1973年至1974年）的内容是与阿元、武司的世界相关联的，都是广岛核爆后的衍生文化①]。

　　然而，主人公不断同"敌人"进行的斗争，甚至可以说在某种程度上是冒险故事或是征战故事的《赤脚阿元》，纵观整部作品，其中"真正的敌人"到底是谁呢？这是个不得不令人思考的问题。在战争中作为街区负责人支持战争、在遭到核爆后被阿元一家援助，但却对他们见死不救而逃跑的鲛岛传次郎，在二战后成为了市场商会的会长，摇身一变成了"和平卫士"，还被选为市议会议员而出人头地。在《赤脚阿元》中，他始终是"坏人"，但说他是阿元最主要的"敌人"和必须打败的对象，似乎有些分量不足。当然，其他的黑社会成员、阿元工作的广告商店的老板、黑社会组织的幕后老板都不是阿元真正的"敌人"。同前所未有的核爆灾害、许多死难者与存活者的生离死别相比，主人公与这些微不足道的"敌人"较量后得到的胜利、自豪之感实在是不值一提。

　　战争的主要责任者是军人、指挥官和天皇。在广岛和长崎投下原子弹的是美国的政治家和军人，把受害者和死去的人当

①在电影《无仁义之战》的第一部中，开篇为复员士兵广能昌二（演员菅原义太饰演）在吴市烧毁的废墟黑市中出场。《无仁义之战》系列电影以吴市和广岛的核爆贫民窟为背景，展现了核爆受害者、核爆孤儿、原敢死队队员、在日朝鲜人、被歧视的部落居民等在日本社会底层之人以广岛为中心形成黑社会组织，以及该组织的发展、抗争和改组的故事。——原注

作"试验材料"的核爆炸伤害调查委员会①，谋划着更进一步扩大战争的谍报组织，这些才是阿元"真正的敌人"。因此，《赤脚阿元》被认为蕴含着"反核"和"反战"的政治思想。

不过，这种"反核"和"反战"的思想表现却被作品自身所"背叛"。《赤脚阿元》是随着情节展开的"复仇"故事。故事中，隆太为阿元死去的好友阿结报了仇，阿元和他的好朋友为死去的、遭受痛苦的人也报了仇。唯一没有去报仇的对象，就是核爆这个"巨大的敌人"。这是这部作品最大的"缺陷"。在第五卷的故事中，阿元要去东京见驻日盟军最高司令麦克阿瑟。阿元认为必须得和他说说美国在广岛和长崎投下原子弹是个巨大的罪行。人们都过着如同在地狱一般的日子，现在也依旧没有结束，不彻底和他说清楚是不行的。但是，这并没有实现（至少在作品中没有实现）。

美国在日本投下原子弹是罪行。让美国决定向日本投下原子弹的则是因为日本愚蠢地发动了战争，发动战争的则是当时的领导者和指挥官。面对这些"敌人"，《赤脚阿元》是无力的，没有胜算的。于是，他的"广岛复仇故事"无以为继，没法再展开了。在黑市中争斗的黑社会成员、把和平教育偷换成皇民化教育的老师、想要撑过混乱而坚强谋生的老百姓，无论

①核爆炸伤害调查委员会,美国国家科学院在 1946 年设立的民间机构,主要工作为调查广岛核爆炸造成的危害情况,总部设在广岛。——编者注

是把这些人当作"敌人"还是当作"同志"，在核爆灾难的"大叙事"背景下，实在是无法被描绘成和谐的故事。这也就是《赤脚阿元》为什么要采用串联一个个小故事的方式来表现主题的原因。既然无法同核爆的灾难性表现匹敌，那就干脆放弃，从细小的回忆和记录着手开始讲述故事。可以说这是个体向核爆这一巨大怪物进行抗争的方法了。

《赤脚阿元》的内容集中于描述一个少年的成长过程，最终也达到了同核爆这一大怪物抗争的效果。漫画故事中不仅融入了作者中泽启治的回忆，也描绘了无数死难者和被辐射者的经历。可惜，最终这个"复仇"故事没有完结。阿元、隆太和其他死者的"仇"没能报。向核爆这个怪物本身复仇是必需的，但是谁也没有考虑过复仇的方法。阿元离开广岛去往东京，可以说是逃亡，也可以说是逃避。但是，核爆这个怪物最终还是会追逐着少年向着东京而去的。

大江健三郎写过一篇短篇小说《核武器时代的守护神》，是像《赤脚阿元》一样的以核爆孤儿为主题的小说。主人公是一个在广岛收容核爆孤儿并与他们一起生活的慈善家。这个人为孤儿们办理了人寿保险，把自己作为保险受益人。他到底是孤儿们真正的守护神，还是实际上戴着慈善家的面具利用他人生命为自己牟利的小人？在小说中，作为叙述者的年轻作家对此十分感兴趣。

当然，这部《核武器时代的守护神》并没有简单地按照二分法把经历核爆的人们分成善人和恶人来描写。《赤脚阿元》表现了少年的纯真，通过反派"大人"的衬托则更显示出了少年的纯真。然而，大江健三郎描写了在少年的纯洁和天真中隐藏的残酷与歧视意识（《拔芽击仔》和《饲育》等也有同样主题），但不是简单地以惩恶扬善的基调进行表现的。核爆孤儿们——虽然有着患白血病的可能，但通过锻炼却成长为肌肉强健的青年——反过来为患了胃癌的慈善家购买了人寿保险，打算得到保险赔偿金后进行平分。这么看来，《赤脚阿元》中的人文主义精神，不得不从反人文主义的现实情况出发重新进行一次审验了。

9. 核爆神话与克服

电影与漫画同时包含语言信息和影像信息。随着情节的展开，其故事性和小说等文学作品是接近的。因此，分析电影和漫画有时候也运用文学研究的方法。当然，针对电影和漫画技术上的批评方法也是有的，并不是任何场合都要使用文艺批评方法。我对于《活人的记录》和《赤脚阿元》的评论，都是从故事的情节着眼，把隐藏在作品中关于核爆的表象信息抽取出来，并以此为界限做出评论。

除此之外，还有很多其他的方法和手段。比如，在漫画《赤脚阿元》中，对年轻女性脸上瘢痕的表现是画上刘海遮住其半边脸，或者在脸上薄薄地画上竖线来表现的（动画《被黑雨淋了》中也是同样的表现），这种画法是否适合表现人的瘢痕，这种表现能引起怎样的效果，相关的研究或许也是有的。

演员若尾文子主演的电影《无法忘怀的那一夜》（吉村公三郎导演，1962 年）中有一个因核爆在身体上留下瘢痕的酒吧美女，那个瘢痕是有着象征意义的。我认为美女与瘢痕已经成为了对经历核爆伤害的女性所用的一个定型化、通俗化表现意象。美化核爆受害者这一表现模式，在电影《纯爱物语》（今井正导演，1957 年）和《梦千代日记》（浦山桐郎导演，1985 年）中也有体现。

在《活人的记录》中，三船敏郎饰演的是和当时他的实际年龄相差甚远的老人角色。这种做法给电影赋予怎样的意义和效果呢？类似这样的疑问，对研究作品十分重要。一部作品想要传达的信息在很多时候是无意识的、无形的，按照一般意义上的信息处理的方式是无法悉数处理的。与核爆、核能相关的信息，不应该从单独的作品去分析，而要从二战后日本人、日本社会所共有的感受与体验去分析，应该尝试更多种多样的分析方式。类似前文中提到的米克·布罗德里克编著的《被辐射者电影：日本电影中广岛与长崎的核形象》一书所做的尝试，应该作为媒体研究的一部分加以实践，把它作为文化的信息学方法加以正规化。

在美国也有所谓的"核爆神话"。即通过投下原子弹，不用美国登陆日本作战，这样就拯救了很多可能战死的美军士兵，也就同时减少了很多死难的日本人。据说广岛和长崎的死难者用自己的牺牲救助了 50 万人、100 万人（预想的人数）的命。但是这个人数实在是太夸张了（斋藤道雄《核爆神话的五十年——错开的日本与美国》）。与此相比，广岛、长崎的死难者人数因体内外被辐射或怀孕时被辐射而"缓慢死去"的人都没有统计在当时的死者人数中，因此统计人数又太少了。

还有一种意见认为，对广岛、长崎投下原子弹是美国对日本偷袭珍珠港的正当报复。不得不说类似这样的核爆神话以及造成的印象，在日本和美国之间存在着巨大的不同。我们日本人认为自己没有站在政治性、国家主义或者阶级的角度看问题，而是中立地看问题，但是从核爆这件事上看，我们日本人看问题是很少脱离国民性和国家主义的。

核爆与核能这种大的故事之中有各种各样的小故事。电影《哥斯拉》、电视动画《铁臂阿童木》和小说《黑雨》等都是"小"的例子。我在本书的前言中也提到了，不可思议的是这些日本生产的核爆次文化产品在本来设定为"敌人"的美国也作为流行文化产品而被接受，有大量的爱好者。美国的好莱坞制作了叫作《哥斯拉》的电影。日本电视动画《铁臂阿童木》以《宇宙少年》（原本片名是用"阿童木"的名字的，但其英文名"atom"在美国俗语中有放屁的意思，因此就改名为《宇宙少年》）的名字输出到了美国。自明治维新以来日本就从欧美输入文化，对文化输入输出极不对等的日本来说，这实在是非常稀罕的事情（这里说的日本输出文化限定在当代日本流行文化输出之前的内容——也可以说当时日本能输出的文化只有与核爆相关的内容吧）。

　　还令人有点不可思议的是，哥斯拉原本沉睡在深海中，莫名其妙地被试爆氢弹的试验震醒。它应该去往做氢弹试验的美国，出现在洛杉矶、旧金山或者纽约，彻底破坏那里的摩天大楼和街区的（1998 年好莱坞制作的电影《哥斯拉》中，有哥斯拉袭击纽约的情节。不过在美国电影中，使哥斯拉愤怒的原因被清晰地解释为法国在穆鲁罗瓦环礁①做的氢弹试验）。为什么要攻击刚刚从大空袭中恢复过来的东京呢？真的是不明不白啊。阿元也应该为了见真正的"敌人"而去美国，控诉核爆造成的悲惨局面。（《赤脚阿元》是当时的日本漫画中少有的被翻译成了英文并在世界各地出版发行的漫画。这也是出自"核爆次文化"的效果。）可惜，日本的核爆受害者都未去美国，而只在日本国内宣讲与核弹相关的事情。在小说《发光妖精和摩斯拉》电影剧本的第一稿中，袭击日本的怪兽中，只有摩斯拉从产在东京国会议事堂的茧中孵化出来，袭击了"罗利西卡国"②（暗

---

① 穆鲁罗瓦环礁，是南太平洋法属波利尼西亚的珊瑚环礁。1966 年至 1996 年因法国在此进行原子弹和氢弹试验而闻名于世。——编者注

② "罗利西卡国"，"俄罗斯"一词日语读音是"罗西亚"，"美国"一词则读为"阿麦利卡"，电影中创作者将两者的读音拼凑而得到的国家名称。

指俄罗斯和美国）的"纽瓦共市"（暗指纽约，电影中改叫
"纽卡库市"）。不过，这是掌握着《发光妖精和摩斯拉》电影
版权的美国哥伦比亚公司要求在电影中出现与美国有关联的画
面而专门设计的，并不是说摩斯拉被设定为"反美"的怪兽。

无论如何，广岛、长崎的核爆受害者问题成为了国际话题、
世界共通的问题（现在还要再加上福岛核问题）。虽然日本并不
是唯一经受原子弹爆炸灾难的国家，但确实是经历了原子弹的
实战使用与氢弹试验的灾难，经历过核能的"和平利用"导致
的核电站出现重大事故，是有着无数牺牲者的特殊国家。日本
是由这世上为数不多的经历过原子弹爆炸的人口组成的国家。
日本人必须把这些珍贵的经历和体验，以及由这些经历生发出
来的思想和现象以某种信息的形式传达给世界。这既是日本人
特有的权利，也是义务和责任，世界人民也在等待着日本人民
传达这种信息。

第三章　娜乌西卡和阿基拉的战后世界

1. 拥护阿童木

如果说铁臂阿童木（暗指原子）是战后日本"和平利用核能"的象征之一，那么为了和平利用，原子就该以更多不同的形象登场。1957 年，美国迪士尼制作了动画《我们的朋友，原子》（*Our Friend the Atom*），这部动画也在日本播出并获得了好评。该动画在日本的译名是《我们的朋友，核能》，动画中自然没有铁臂阿童木的出场，而是呼应了日后迪士尼的动画《阿拉丁》（1992 年）的情节，让主人公阿拉丁和神灯中的巨人在片中登场，寓意核能就像被困在神灯中的巨人，阿拉丁运用智慧能够顺利地指挥和使用巨人的能量（把原子的构造和核聚变通过可视的动画效果呈现，不得不令人赞叹）。

1953 年艾森豪威尔的"和平利用核能"主旨演讲之后，原子弹、氢弹试验（从大气层核试验到地下核试验，模拟实验的形态一直变化）与核电站的开发建设宛如两驾马车并驾齐驱般地推进，美国的核能发展推进工作借力迪士尼的动画，连儿童都被普及了"和平利用核能"和"安全利用核能"的概念。

日本电视台在 1958 年 1 月 1 日播出了这部动画《我们的朋友，原子》。之所以在日本电视台播出，是因为力主在战后日本社会引入核能的正力松太郎是日本电视台的创始人。当时，他不仅以"读卖新闻"所有人的身份成为参议院议员，就任第一届核能委员会委员长（兼科学技术厅长官），还设立了属于"读卖新闻"旗下的日本电视台，作为民间电视台和官方媒体日本广播公司（NHK）分庭抗礼。正力松太郎的目标是成为既拥有纸质传媒又拥有电视传媒的媒体大亨。因此，《读卖新闻》和日本电视台不遗余力地宣传其理念——推进作为"和平利用核能"手段的核能发电也是理所当然。动画片中展现了原子模型和核分裂过程，把核能的原理和应用简单化、娱乐化。日本的小朋友自然十分喜欢这部宣传核能的动画片（不过，原作设定的观众群是高中生，对于中小学生来说应该有点难懂）。

这部以专业水准制作的迪士尼动画片《我们的朋友，原子》之所以能一举成功，与当年 8 月的"星期五三菱一小时"[1] 节

---

[1]"星期五三菱一小时"是 1958 年至 1972 年间，星期五晚黄金时段在日本电视台播出的电视节目。最初是每周五晚播出，后来变成隔周播出。

目播放的迪士尼专门制作的有趣的节目特辑《迪士尼乐园》不无关系。当年，周五晚八点的节目"星期五三菱一小时"的《迪士尼乐园》和职业摔跤比赛隔周交替播出。力道山、夏普兄弟和大木金太郎[1]等人早期比赛的直播中，大木的摔跤绝技叫"原爆踢头"，这绝对是当时战后日本社会少有的提到"原爆"且含有正面意义的词（和平利用?）。

另外，特辑节目《迪士尼乐园》的成功，从金钱和人脉方面来说，与京成电铁在浦安填海造陆，并最终出资建设了迪士尼乐园有关。[2] 日本学者有马哲夫在其著作《核能开发、正力、CIA》中曾提及这一关系。

与《我们的朋友，原子》主旨思想不同的动画《铁臂阿童木》在电视台的播出则相对较晚。首次播放是在 1957 年 4 月 13 日到 9 月 13 日之间，在东京放送电视台（即现在的 TBS 电视台），由三王口香糖公司赞助播出，当时还是纸偶动画剧。接着，1959 年 3 月 7 日到 1960 年 5 月 28 日，在每日放送电视台和富士电视台播出了演员濑川雅人主演的《铁臂阿童木真人版》。之后，自 1963 年开始，在富士电视台播出了由明治制果公司赞助、虫制作公司出品的电视动画《铁臂阿童木》。

---

[1] 力道山、夏普兄弟和大木金太郎，皆为日本著名的摔跤比赛选手。
[2] 东京迪士尼乐园位于日本千叶县浦安市的海滨，此区域由经营东京与千叶县铁路运输的大型民营铁路公司京成电铁进行填海造陆建成。此外，"京成电铁"也是东京迪士尼乐园的大股东，曾出资建设。——编者注

为何不是由热心推广核能的日本电视台播出《铁臂阿童木》？这背后的原因不得而知（据说原作者手冢治虫自己本已直接和富士电视台负责人商量了动画播出的事情。当时，在做广告代理业务的万年社有一个人名为穴见熏，之后成为了虫制作公司的常务，传闻说是他从中牵线促成的）。也有人推测原因是正力松太郎推进核能的想法与手冢治虫对科学文明的怀疑思想互不相容。据传，手冢治虫对虫制作公司出品的电视动画并不满意，因为他的漫画表达的是对科学文明的怀疑，对人与机器人之间的关系问题的苦恼，但电视动画所表达的却变成了对科学文明的讴歌，阿童木也被塑造成一个并不会流泪的"科学之子"，拥有的力量从十万马力升级到百万马力，变成了理想化类型的机器人。

总之，与我所说的象征着核能被和平利用之光影两面性的阿童木形象相反，日本的"核能的和平利用"（核电站）从最初就自动去除了"影"的部分，把两面性的事物变成单面性的事物去考虑。所以，阿童木不可能站在百分之百肯定"核能和平利用"的立场上，这就是真相（此后，人形机器人阿童木，猫形机器人哆啦A梦，还有人造人009等，都从核反应堆获得了能量，这似乎成为了常识）。

当然，由哪个电视台播出动画或许只是一个简单的版权买卖问题。日本电视台对播放《铁臂阿童木》没兴趣，或者是当年虫制作公司除了联系富士电视台之外并没联系别的电视台。

从 1980 年开始，电视动画《铁臂阿童木》的第二季在日本电视台播出一事可以作为一个佐证。据说当时日本电视台的收视率败给了富士电视台在同一时间播出的动画《阿拉蕾》①（阿拉蕾是疯子科学家则卷千兵卫制作的机器人女孩，她的宠物——有翅膀的妖精型小机器人小嘎，日文原名叫嘎基拉，发音为卡美拉和哥斯拉的组合变体；故事中还有个登场角色是会吐火的小哥斯拉——拉斯哥，这是一部被认为是模仿《哥斯拉》和《铁臂阿童木》的动画作品）。

　　如果把更换电视台播放简单地看成是出于制作费用问题、虫制作公司破产等相关原因的话，我所说的"阿童木"与日本电视台之间的相互关联就成了无凭无据的空话。但事实上，正力松太郎推进的"和平利用核能"的路线与手冢治虫理想中的"阿童木（核能）"形象的确是背道而驰的。这就是我所谓的"阿童木拥护论"（现在，日本各地的核电宣传中心用着"阿童木""乌兰妹妹"的名字，利用这些形象来宣传，是虫制作公司破产之后，这些动画形象使用权被卖给了电力公司的结果。而据说手冢治虫本人是反核电站的）。

---

① 《阿拉蕾》，日本漫画家鸟山明在 1980 年创作的漫画。主人公为机器人女孩阿拉蕾和科学家则卷千兵卫。——编者注

2. 战后的核能研究

日本的核能和平利用之肇始，是 1954 年众议院议会通过了《核能预算》。当时，属于改进党的年轻议员的中曾根康弘和斋藤宪三提出的预算是两亿三千五百万日元（佐野真一在《巨怪传》中记载，中曾根当时在国会答辩时说，这个预算正好暗指铀-235。如果这个传闻是真的，那实在是荒唐）。这个预算趁着议会会期快结束的时候提出，很容易就批准通过了。这个数字金额是建反应堆的费用数，加上日后铀资源的调查费、钛和锗等资源开发利用的费用，共计达到了三亿日元。这个预算促成了日本开始发展核能发电，同时也是日本开展核能研究，开发核能和在各地引入核电站的开始。至此的全部过程，与日本的广岛、长崎被原子弹轰炸，成为唯一的"原子弹受害国"息息相关。

二战战败后，飞速进驻日本的美国军队（盟军），不仅不允许日本对核能进行军事方面的研究，在学术上的研究也是禁止的。以任科芳雄博士为中心的日本核能（核爆）的研究，作为整个研究体制一部分的组织、研究费、研究人员的培养和教育等方面都被全面禁止。理化学研究所和大阪大学所有的回旋加速器①被扔进大海。一切有关核能的信息、文献和知识的传播都受到严格管制。

　　直面战败与核爆两大问题的日本科学家，特别是物理学、核物理学和放射医学等专业的学者，不仅收到 GHQ 的禁令，同时也进行了严格的自我管制，反思作为科学家对日本战败和核爆的责任。战后日本科学家对核能研究的立场分为三种：第一种是认为日本作为核受害国家，全面放弃核能研究；第二种是认为只限于研究和平利用核能；第三种是认为核能与未来能源的开发紧密相关，因此必须重新开始研究和开发。

　　无论赞成派还是反对派都很难简单地归于这三种立场，大家都有各自的立场和理论。但是，在原则上可分为这三种立场。日本的科学家们根据上述的立场分开站队。在广岛、长崎遭遇了核爆的科学家们当然是反对在日本开展核能研究的。开发核武器的研究是"恶魔的科学"，绝不能染指；与此相关的物理学研究也应该被禁止。与此观点相对的是，反对开发研究原子弹、氢弹，但提倡在有限制的前提下开展和平利用核能的研究。因为世界各国都在推进核能的和平利用，如果这项研究也要禁止的话，就会导致日本的科学研究衰退。还有一种观点认为，学

①回旋加速器，利用磁场和电场共同使带电粒子做回旋运动，并在活动中经高频电场反复加速的物理仪器。——编者注

问和研究都是以自由为背景的，应该让科学家有研究的自由。

1952年10月，日本学术会议讨论了这些对立观点。时任东大教授，后成为东大校长的茅诚司与时任大阪大学教授的伏见康治作为赞成派，向日本政府提出了推进核能研究的提案。但是，以年轻学者为主的反对派呼声更高。经历广岛核爆的广岛大学教授三村刚昂指出"作为受害者，在美国和苏联的紧张局面得到缓解之前，在全世界都能以和平目的使用核能这一点没有明确之前，日本绝对不能研究核能"。赞同他的反对派，或者说是采取谨慎态度的人士占了大多数。

日后成为反核电派领导的武谷三男在当时曾指出"日本人是世界上唯一的核爆受害者，因此关于核能是最有发言权的。有和平研究的权利"，"核能是一个现实问题，必须十分关注核能的和平利用，否则就要落后于世界"。他的言论遭到了三村刚昂的反驳。三村刚昂说："遭受爆炸后的两个月内，我一直因为伤病躺在床上。因为太了解这种惨痛的状况，所以必须出来阻止。核能研究稍微有错就会引发核爆炸。虽然可能会导致日本落后，但落后就落后吧。"被三村刚昂的绝对性反对言论所震慑，日本学术会议发表了"现在仍旧不承认核能工学"的声明。

"学者们太浪费时间了，用钞票让他们闭嘴"（这话不是中曾根康弘说的，在《巨怪传》中有稻叶修对此做出的证言）。中曾根康弘等政治家向众议院提出的核能预算获批，成为了茅诚司、伏见康治等物理学家和有泽广巳等经济学家积极推进核能政策的契机。这些人接受了武谷三男等人提出的"自主、公开、民主"的"核能研究三原则"，压制了反对派。如此这般，由正力松太郎和中曾根康弘等作为代表的政界、财界和媒体界，与茅诚司、伏见康治等代表的学术界合流，开始了战后的核能研究与开发。

1956 年 1 月，核能行政推行事业的主导——核能委员会成立，该委员会的委员长是正力松太郎，委员有石川一郎（日产化学工业经营者，后为经团联①首任会长）、藤冈由夫（物理学家）、汤川秀树（物理学家，日本首位诺贝尔物理学奖得主）、有泽广巳（经济学家），该委员会可谓是政界、商界与学术界的联合组织。这就是现在依然在日本社会中享有特殊利益的集团——"核能集团"（称其为"核能黑手党"似乎更合适）的起始点。②

---

① 经团联，指日本经济团体联合会，是与日本商工会议所、经济同友会并称的日本"经济三团体"之一。1946 年 8 月成立。——编者注

② 吉冈齐《核能的社会史》一书详细讲述了日本社会接受核能发电的过程。书中对作为当时日本首相吉田茂的内阁成员，任科学技术厅长官，核能委员会委员长的正力松太郎与支持通过了核能预算的中曾根康弘的言行，日本学术会议内部的讨论和声明，核能产业的展开，日本与美国的关系等问题都有所涉及。"核能集团"的相关内容则可以参看关沼博的《广岛论——为什么会产生核能集团》一书。——原注

3. 长崎之钟

　　日本人对核能问题的态度是相对情绪化的。比如，前面提到的，在日本学术会议上对核能唱反调的是脖子上留着烧伤瘢痕的广岛大学教授、物理学者三村刚昂；与之相反，主张日本应该有核能研究自由的是"学问与思想自由委员会"① 的会员坂田昌一和武谷三男。他们的提案会议并没有采纳。从表面上看，这是核爆的创伤后遗症；从精神层面上看，这是因为谈到核能和辐射等相关的话题，其让人有了不在学问和科学范畴之内的先入为主的主观印象。随笔集《长崎之钟》的热销，根据其创作的电影和电影主题歌《长崎之钟》的同名专辑之流行即是一例。

　　1945 年 8 月 9 日上午十一时二分，长崎医科大学助教永井隆在距离爆炸中心 700 米左右的长崎医科大学被炸，右侧颈动脉破裂。受了这样重的伤，他只是用白布包扎了一下，就开始救治被陆续运送来的伤者。第二天回家时，他在变为废墟的厨房中发现了妻子永井绿被炸成碎片的遗骸，并将其埋葬。之后，他在长崎医科大学如废墟般的建筑物中组织了救护队，负责治

---

① 学问与思想自由委员会，日本学术会议这一机构下设的委员会，旨在推动日本学术和思想的自由，提升科研人员地位和强化其伦理道德。——编者注

疗和看护伤者。最终体力不支而不得不解散了救护队。

在爆炸中失去了妻子，自己是核爆的受害者，治疗辐射病的同时还要抚养年幼的子女。永井隆在病床上写下了《长崎之钟》和《留下这个孩子》等文学作品。每一本都是战后日本脍炙人口的作品。

由佐藤八郎作词、古关裕而作曲、男高音歌唱家藤山一郎演唱的歌曲《长崎之钟》更是拨动了无数日本人的心弦。①

晴空万里青空下/念及悲伤之苦/在波涛汹涌的世间/无常生长之花

之后是副歌部分：

---

① 电影《长崎之钟》，1950 年上映，剧本负责人新藤兼人、光畑硕郎、桥田寿贺子；导演大庭秀雄，松竹株式会社制作。致力于放射科学研究的永井隆（演员若原雅夫饰演）是长崎医科大学助教，一边研究，一边临床治疗结核病患者，和信奉基督教的妻儿过着平静的家庭生活。1945 年 8 月 9 日，长崎被投下原子弹。投弹的场面配了字幕"原子弹是对作为战争疯子的军阀施以的最后警告"。影片中有关核爆的场面只有孩子们见到的蘑菇云，在烧毁的家中见到的妻子的玫瑰念珠，认为这是神对基督徒的考验而使浦上教会复兴的永井隆的发言这三处，可以说这是对惨剧避而不见，以基督教徒式的情感美化悲剧作品。电影的主题歌《长崎之钟》也带动了后来有关长崎的歌曲创作，如《长崎布鲁斯》《长崎的夜是紫色的》《长崎今日也下雨》等等，但是这些歌曲中能唤起核爆记忆的歌词都被删除了。——原注

抚慰与鼓励着长崎/啊，长崎之钟鸣响

第二段歌词是：

爱妻被唤至天堂/余我旅途独步/留下的玫瑰念珠上/是我洁白泪滴/抚慰与鼓励着长崎/啊，长崎之钟鸣响

第三段歌词是：

心中之罪尽吐露/夜更时分明月光/亦投穷家梁柱/高洁的圣母玛利亚/抚慰与鼓励着长崎/啊，长崎之钟鸣响

整首歌具有浓厚的基督教式的氛围。

永井隆是基督教徒，家就在浦上天主堂的旁边。被炸成碎片的妻子，其遗留物品中有玫瑰念珠也是事实（永井隆《长崎之钟》一书中有记载）。

不过，这首歌一个字也没有提到原子弹爆炸带来的悲惨。在不知道创作背景的人看来，这首歌如同一首赞歌，看起来就像是为了美化、掩盖发生在1945年8月9日的惨剧一般。当然，1949年7月哥伦比亚唱片公司发行的这张专辑，如果有表现了对核爆罪恶和责任的追问的歌词，估计是很难允许被发行的。当时占领日本的美军最害怕的就是知道了广岛、长崎核灾难真

相的日本人，为了复仇而进行人体炸弹攻击、自杀式攻击等抵抗活动。因此，对能够煽动复仇情绪的艺术作品，如《忠臣藏》《浪花节》等都被禁止上演，描写和表达核爆灾难的文学作品、影视作品、摄影作品和绘画作品等都被加以审查和封杀。

永井隆的作品也不例外。《长崎之钟》创作于 1946 年，但是由于 GHQ 的出版禁令，1949 年 1 月才由日比谷出版社出版了与描写日军暴虐的文学作品《马尼拉的悲剧》的合订本。一方面有纸张不足的原因，另一方面就是 GHQ 对此类题材极度敏感。不过，永井隆自己也并没有向日本人民和其他国家的人民广泛传达长崎遭受灾难的悲剧的意图。

作为一个基督徒，永井隆想表达的是这个悲剧证明了神制定的法则。为验证这一法则，长崎是最合适的地方。从江户幕府颁布《禁教令》压制基督教传播的时期开始，离爆炸中心很近的长崎的浦上地区就是日本基督教信仰的圣地。无论遭受到多么大的打压或遇见多么大的困难，都不屈服的真正的基督徒大多聚居于此地。被誉为基督教国家的美国，就这样把象征"神的怒火"的原子弹投在了日本基督徒的头上。在作品《留下这个孩子》（1948 年）中，他这样写道：

　　在这里发生的原子弹爆炸其实有很多种意义，容我慢慢道来：这次战争的一个主要原因是为了争夺资源。可供利用的天然资源的总量大体上是可以估计的。比如全球还有多少石油，还有多少煤炭储量，还有多少铁、铝、耕地都是可知的，还有多少年就没有了，还能开采多少年都是可以预想的。我们的民族，为了民族文化能够存留下来，现在一定要把资源掌握到自己手中。用和平的手段得到的话，自然是好的，但不惜诉诸武力也要达成愿望，就会造成我们民族的毁灭……这样的民族利己主义，从表面上看似乎以正义自居，实际上是导致了战争。而一旦战争开始，资源的消耗又是超出预想的多。本来是为了得到资源，但看看现在是"赔了夫人又折兵"。做便当盒的铝没有了，厨房使用的平底锅没有了，煤没有了，电也没有了，钱更是没有了。如同我之前所说，放弃了用文化的力量使生活富裕，而选择了武力，就会让我们的民族传统遭到灭顶之灾。战争的最后，我们日本人变得那么贫困，陷入绝望的状态。然后迎来了"霹咔咚"……

人类如同依靠本能而行动的动物，一直过度使用天然资源会使人类变得怠惰。霹咔咚就把人们从沉睡中震醒。从此，人们要积极利用自己的智慧和自由意志，不断探索尚未开发的资源。从此开启了知识取胜、蛮力落伍的时代；是人能过上更有人样的生活之好时代。诚一①出生在这样的好时代，真令人羡慕。

①诚一，指永井诚一，永井隆的儿子。

如此这般，原子弹真的是把人类从昏睡中唤醒之振聋发聩的呐喊。

落在长崎的原子弹是"把人类从昏睡中唤醒之振聋发聩的呐喊"。这样的呐喊还是没有比较好。只有永井隆这样的"圣人"，才会认为把自己的妻子炸成碎片的原子弹是"呐喊"。当时沉睡着的难道只有广岛和长崎的人吗？难道他们如同生活在索多玛和蛾摩拉的市民一样，有必须接受核爆烧灼之刑那种程度的颓废、懒惰和贪婪吗？

永井隆的上述说法，不仅是肯定了原子弹爆炸，同时也是肯定了核能。随着书籍、电影和歌曲等各种媒介的传播，对核能平静地接受，没有任何质疑且有着教徒般拘谨的这种情绪，融入了战后日本社会。人们仿佛被引领到祭坛，成为了用于祭祀的小羊羔。

4. 辐射病患者永井隆

永井隆在遭受原子弹爆炸之前就得了辐射病。作为白血病人，他被认为只能再活三年。作为研究放射科学的研究人员，他因每天都接触放射性物质而患上辐射病。同时，他又受到了人类历史上唯一的原子弹爆炸辐射。这似乎正是神明意志的体现。他自己曾这样说：

　　我每天都在放射室内工作十个小时。每天都有绝对大于0.2伦琴①的辐射侵入我的身体。经过长年累月，会得辐射病的可能性就像我们能计算日食日期一样，是毫无疑问的。虽然能够确定会这样，还是一边这么想着一边工作。我这样做，是因为国家希望我如此，除了我之外也没有其他的专门人员能胜任这个工作。另外，无论我变得多么虚弱和疲劳，但每当我看到了患者的脸时，就会觉得不能对他们弃之不顾。而且，我就是无法抑制地喜欢研究放射性物质。

　　和我预测的一样，辐射病在我的身体里以慢性骨髓性白血病、恶性贫血的形式出现了。这是我研究开始后的第十三年，即战争中拼命工作的第五年的事情。确诊后，我还有三年的寿命。没有办法，只能听天由命了。

　　我在那天夜里就向我信赖的妻子吐露了实情。妻子抑制着内心的悲痛，说："无论是生还是死，都是为了神圣的荣耀啊。"

　　谈及两个幼子的未来，她说："这是你用生命在进行的研究啊，孩子们也一定会以此为志向的吧。"

---

①伦琴，计量放射性物质产生的放射量的单位。得名于德国物理学家威廉·伦琴。——编者注

　　这样的谈话很快令我恢复了平静。我想我可以在倒下之前，安心地继续研究工作了。

　　永井隆能够平静地接受原子弹爆炸，也是出于他有着这样的特殊情况和立场吧。一个从事放射医学研究的人，能够收治原子弹爆炸辐射所造成的急性辐射病患者，真的是难得一遇的研究机会。从某种意义上说，原子弹在长崎爆炸，对他而言简直就是实现愿望的机会。除了他自己也是辐射病患者，且爆炸后病况加剧这一因素，他可真是对美国而言难得的支持者。这个日本人并不恨投下原子弹的美国，也并不觉得应该去报仇，而是认为原子弹是"把人类从昏睡中唤醒之振聋发聩的呐喊"。这是神明的意志。他还说过这样的话：

　　　　原子弹教给了世人新的知识，即存在新的资源。这是有巨大意义的。石油没有了，煤矿采尽了，没有了这些资源，人类的文明是不是就终结了？在攸关人类生存的历史进程中立着"绝望"的黑色岩石。而原子弹把这块岩石击穿了，为我们打开了一个洞口，新世界的光照向了人类。去探索原子弹打开的洞口，我们可以得到无穷无尽的能源动力、无穷无尽的新资源，人类的心中充满了无限的光明与希望。万物皆为原子组成，在原子之中隐藏着天地被创造的力量，而且还赋予了人类去探索和利用这种力量的智慧。只要我们运用智慧，就会发掘出更多的能源和物资。

这是永井隆对其子诚一说的话。这些话所传递的信息同"和平利用"核分裂产生的巨大能量的想法十分类似。牺牲了广岛、长崎的那么多人，人类得到了新的"动力源"。作为科学家、医学家，永井隆说出这种肯定核能的话，真不知道他把因核爆受伤、丧妻、使大量同事死亡的这个作为受害者的"自己"放在了怎样的位置，把作为父亲的"自己"放在了怎样的位置？

GHQ 不仅未禁止永井隆的著作出版，甚至还起到了推波助澜的作用，给了书籍印刷用纸的配额，"秘密"帮助了其著作在战后的日本成为畅销书。这样的"帮助"，是因为这位虔诚的基督徒在书中对美国投下的原子弹做出过如下评论："我认为，原子弹绝对不是来自上天的惩罚，而是体现了某种法则。原子弹的爆炸把阻止我们走向正途的魔鬼驱赶走了，从而让我们体会到真正的幸福。"可以说，这些简直就是顺从美国的，拼命打消日本人仇恨与怒火的说法。

毫无疑问，永井隆有着高尚的人格，有着作为基督徒的强烈信仰，对"善"的憧憬比普通人强一倍。但是这种强烈的信仰，难道不是在模糊投下原子弹的罪恶和责任划分，用"申冤在我，我必报应"① 的心态免除了罪人之罪从而使对方得以解

---

① 引自《圣经·罗马书》第十二章第十九节。

脱吗？

一言以蔽之，永井隆不仅以基督教的博爱精神维护了在日本人头上投下原子弹的美国，还在思想上接受了美国之后的核能称霸并主导世界的野心。核武器与核能技术就是帮助美国维持其世界霸权的两大武器。

5. 再述辐射之恐怖

永井隆是一位专业研究放射线治疗的学者、医生，或许因此不具有对核辐射的恐惧。然而，对我们普通人来说，如同前文中提到的铁臂阿童木必须具有"恐惧心"一般，我们也必须具有这种"恐惧心"。核能恐怖的说法是没有来由的吗？20世纪五六十年代，在东宝公司拍摄的电影中，有很多表现核能恐怖的。但我们也能看到，这类电影随着经济快速发展而慢慢被遗忘了。伴随着冷战中核试验如一个个同心圆般不断扩大的影响，这种电影中表现的对核的恐惧也会逐渐扩散，乃至于稀薄终于消散吧。这种想法实在是有些过于乐观了。

诚然，本书是文化评论类或文艺评论类书籍，并不是从自然科学或医学（研究放射学的学者没有一个人说"辐射对人类完全无害"）意义上讨论辐射、放射性物质对人类身体到底有没有危害。但是，我想在此列举两本观点几乎相反的书，以用于讨论放射性物质中最危险的钚。一本是推进日本核能发电的代表人物铃木笃之的书《钚》（1994 年），另一本是反对派代表、评论家高木任三郎的《钚之恐怖》（1981 年）。①

虽说是讨论，我也没有从自然科学角度判断二人在书中提到的内容是否正确的能力，就只能从著作内容的合理性和逻辑方面加以评论。从这个意义上说，我认为作为"核燃料循环利用"专家的东京大学原教授铃木笃之的文章没有任何合理性和说服力。他提出钚并不是无毒无害的，但是和镭等元素相比较则毒性较弱。读者诸君就算是不知道钚，也应该知道镭，即物理学家居里夫人研究的对象，最终致使她患上了白血病的元素。

铃木笃之是这样说的：

　　从辐射的强度上来看，天然存在的镭比钚要强很多，大约有 10 倍到 20 倍。镭也具有致癌性，但似乎总被人认为没有钚那么具有毒性，因此人们会去泡镭矿温泉。显然，无论是钚还是镭，只是少量的话，是对健康无损的。

　　无论是钚还是镭，在使用时都必须十分注意其是否安全。一般人有一种印象，即钚有着镭无法相比的危险性，产生这种印象是很令人遗憾的。

---

①高木任三郎作为民间科学家一直反对建设核电站。他关注钚的危险性，相继出版了《钚之恐怖》和《钚之未来》。他喜欢宫泽贤治的诗歌，是一个喜欢在日常生活中探索科学和艺术的人。他主管着当时日本的核能资料情报室，是反核电站运动的代表人物。——原注

　　铃木笃之作为使用钚的"核燃料循环利用"项目的推进者，对钚的评论是"很令人遗憾的"，虽然钚比镭的危害性要小，但就算是无害，也绝不能说是毫无危险的。这种对钚的"维护"言论只能说是胡扯。铃木笃之提出钚危害性小的同时，还极力主张它作为能源的可用性。据他所说，"能产生同等质量的石油所产生的能量的 200 万倍"。能产生如此巨大能量的物质，其使用时具有危险性似乎就是理所当然了。这种想法不是学者该有的。

　　总而言之，他所关心的就是作为解决日本能源贫乏的一个秘密方法，燃烧铀而产生钚，然后把它作为燃料，完成"核燃料循环利用"。

　　铃木笃之写的第一章《钚问题总览》的最后部分，有以下这样令人感到不可思议的内容：

> 　　当今的国际社会的资本主义、欧美的民主主义都是与基督教教义衍生的思维方式密不可分的。在利用钚这个问题上，欧美各国的思考也是基于上述主义之上的。作为国际社会的一员，我国（日本）也希望被看成是一个良好的资本主义和民主主义国家，但是如果不以基督教教义衍生的思维方式作为处事原则的话，在欧美诸国看来，我国果然还是不合群的。

　　作者写出这样的文章到底想表达什么呢？这很像是语文测试中"令人难懂"的阅读理解类型的试题。他为何在这样的场合说这样的话，实在是令人不解。欧美诸国放弃了利用钚的快中子反应堆①建设"核燃料循环利用"的计划。别国都"后退"的时候，日本一直勇猛地"前冲"是为了什么呢？

　　按照基督教的教义，所有东西（无论地球上的还是宇宙中的）都是神创造的。没有天然存在的东西（即没有不是神创造的东西——事实上还有些天然的钚是存在的）。是想说不允许利用钚这种人工物就不叫基督教国家的思考方式吗？难道不正是因为非基督教国家——日本，已成为资本主义、民主主义国家，却主张利用钚而违反了神制定的法则，才被欧美国家看作是不合群的存在吗？不考虑其他国家的想法，在日本大力推进利用钚的计划，才是作者想说的吧。把基督教的一神论和核能发展联系在一起讨论，在我看来是毫无逻辑可言的。

　　铃木笃之在书中提到，快中子反应堆把钚作为燃料，再提取更多的钚，这种"核燃料循环利用"的方式世界各国都在实践。但事实是，美国、英国、德国等国或已将此种反应堆废弃，或中止了计划；拥有知名的"凤凰"号快中子反应堆的法国也

---

①快中子反应堆,指由快中子引起原子裂变链式反应,并可实现核燃料增殖的核
　反应堆。——编者注

认为此方式在安全性和经济性上并无优势，而逐步放弃使用这种方式。

欧美各国都趋向于中止的快中子反应堆项目，在日本却找了一个理由而得以加速推进。以日本文化具有特殊性作为借口，以不同于这些基督教国家的方式独自前进，造成了"文殊"核反应堆的钠泄漏事故①的十四年间，虽然反应堆被迫中断运行，但还是有人不停尝试再度开启——这些就是铃木想要表达的吧。至少，在世界范围的核能领域中，日本是被孤立的。对于这一点，以铃木为首的支持"核燃料循环利用"的学者应该也是能感觉到的。这种一意孤行的态度，简直和二战前推动日本退出国际联盟的松冈洋右②一样。对铃木笃之来说，即使成为国际社会的"孤儿"，还是要表现"虽千万人吾往矣"③的日本人气概。尽管他明白这是一条不归的必败之路。

看着这些盲目支持建设核电站、使用钚元素的学者，让我想起疯狂的科学家天马博士和芹泽博士，失去孩子的悲伤、战

---

①"文殊"是日本原子能研究开发机构所建造的快中子反应堆，在日本福井县敦贺市。1995年12月8日，"文殊"的二级冷却系统温度计出现破损，管道中喷发出640公斤钠蒸气，接触到空气的钠剧烈燃烧导致火灾。

②松冈洋右(1880—1946)，日本外交官。二战前长期参与日本关东军对中国的侵略活动，主张日本退出"国联"，推动日、德、意三国轴心的形式。为二战甲级战犯。——编者注

③语出《孟子·公孙丑上》。

争的创痛使他们失去了正常的精神状态。有疯狂博士和疯狂科学家存在，可能就会导致日本战败和发生核爆的悲剧吧。

6. "钚王国"的崩塌

和铃木笃之站在完全相反立场上的高木任三郎，描绘了一个"钚王国"的未来蓝图。这是出现在他的《钚之恐怖》一书中的，像噩梦一般的日本的未来图景。200×年（已经过完了），100万至200万千瓦时级别发电量的氢燃料反应堆有六十个，以钚为燃料的快中子反应堆也有五个。如果有个来自古代世界的旅行者来到这个国家旅游，看着井然有序的条条大路，符合几何学设计原理的大楼，优美的线条和色彩展示着这个国家的富饶和美丽。往来的车辆遵守规则，安静有序。和古代世界那种杂乱无序、混乱的样子完全不同。在这个旅行者看来，这才是来到了现代，似乎是繁荣与发展的理想社会。

然而，在远离都市街道的一角，有高墙围住的广阔风景。那里杂草丛生，人迹罕见，连猫狗也绝迹，十分荒凉。只有一座水泥的巨大圆顶建筑，如废墟般立在那里。这是这个"王国"在20世纪70年代建成的，到了废弃年限而关闭的核电站（核电站即使关闭也必须要封存数十年）。

废弃的核电站旁边是为了建设新核电站而准备的土地。

然而，这里的地基有问题，因而不能继续建设，由此就被改成了堆放各地运来的带有辐射废物的仓库。这个古代世界来的旅行者，终于明白了这片地方就是集中核燃料循环利用设施的核公园区域。这时候，他想起以前读过的书中有钚曾被称为"地狱之王"的内容，那么这里就是"钚的王国"。这个"王国"正在迎来衰减期。念及此处，这个旅人迅速地离开了此地。

然而，经历了发生在 2011 年 3 月 11 日[1]的我们，看到了比高木任三郎想象的"王国"更像噩梦的情景。

走近这个废弃建筑，就可以看到厚厚的混凝土结构，建筑仿佛棺材一样，由于经年累月的侵蚀，混凝土墙壁表面出现了裂痕，白色的水蒸气无声无息地喷出来。而且这样的建筑并不是一个，而是两个、三个、四个、五个、六个……

钢筋混凝土建筑掉落的碎块、木材和瓦砾，不知道具体做什么的巨大的生了锈的机器，就那么闲置在那里。或许这里曾经发生过火灾，水管在杂草丛生的地面上交错着。

---

[1] 2011 年 3 月 11 日，东日本大地震引发海啸，造成日本福岛第一核电站发生核泄漏事故。

坏了的泵车，似乎曾经是起重机的铁家伙则像恐龙一样横卧在地上。在破损的墙壁对面，能窥见圆形的如巨大的盖子一样的东西。巨大的铁柱倒在那里，就像糖块一样有的地方鼓出来有的地方凹下去，钢筋弯曲变形后露了出来。这里是不是有过什么爆炸事故呢？虽然这个"王国"的安全管理十分完善，但不只是一个，而是有五六个，无论如何也是有发生事故的可能的。而且眼前的景象就证明了这一点。

旅行者迅速离开了那里，因为他本能地感到了一丝恐惧。但是为时已晚。衰减期长达数十年，数万年，甚至数亿年的辐射已经侵蚀了他的身体。这个旅行者连自己怎么死的都还不知道，就因为急性辐射病而撒手人寰。那里是"王国"的统治者下令一百年不能进入的地方，可惜他并未注意到这一点。

7. 福岛第一核电站事故

2011年3月11日下午两点四十六分，袭击了东日本的里氏9级大地震伴随着海啸席卷了从日本东北地区至关东地区的各地，打破了日本久未遭受大天灾的平静。不过，东京电力福岛第一核电站发生的事故明显是人祸而非天灾。四十年前开始运行的一号机组，经过长年累月运行后已发生老化，抗震性等方面均需要全面检查，地震学家们反复给予警告。由于时常发生事故，负责运行的电力公司是否具有安全管理反应堆的能力也遭到过多次质疑。但在电力公司和其相关机构中任职的多是由经济产业省、文部省、内阁府等退职后返聘至此的前官员，因此经济产业省下属的核能安全与保安院、核能安全委员会、核能安全基础机构等都沆瀣一气，对安全维护工作敷衍了事。

东京电力公司、核能安全与保安院、核电站推进派的学者们，把这次核电站事故的责任推给了地震强度和海啸高度"超出了预测范围"，对自己的责任视而不见。面对里氏 9 级的大地震、浪高 15 米的海啸，虽然紧急停止了反应堆的运行，但用于冷却堆芯和燃料棒的外部电源被切断，即使有两台应急柴油发电机紧急供电，但却都由于海水浸泡而出了故障。虽然还有一台应急备用发电机可以运行，但在管理员不断贻误时机后停止了发电，最终长时间的断电导致了危机的发生。

一号机组到四号机组连续发生的爆炸使反应堆受损，建筑物坍塌，高浓度放射性物质飘散于空气之中。反应堆堆芯熔毁，也就是说每个反应堆内部都发生了熔毁（事故发生三个月后，东京电力公司、核能安全与保安院总算承认了这一点）。为了防止后续的爆炸、辐射及由此造成损失的扩大化，必须要冷却反应堆和燃料池中的燃料棒。因此，消防署、自卫队、驻日美军以及民间人士一起上阵，用大量的消防车、吊车和储水车开展浇水作业。

　　与福岛第一核电站事故相关的各类报告书和论文有很多，在此对事故的情况就不做详述了。这个事故极大改变了日本对核能的印象。在广岛、长崎经历原子弹爆炸后，有"第五福龙丸"遇到的灾难、东海村 JCO 临界事故①、美滨核电站的水蒸气泄漏导致作业员死亡的事故②，福岛核事故以类似甚至超越了上述事件的冲击力，彻底粉碎了核电站安全的神话。可以说，核电站推进派的谎言再也无法简单地哄骗任何人了。但是，对已经发展膨胀的核能产业和核能商业，即使现在说要改变，也不是那么容易就能做到的。把与核能相关的各种信息加以隐瞒、欺骗民众、封杀媒体和打压反对者的这些人不会轻易放弃已经到手的巨大利益。面对各种质疑和反对，这些人可以继续使用和迄今为止相同的"金钱加大棒"的方式，他们在玩弄权术方面有着惊人的能力。

　　这次的事故向我们揭示了一点，即负责核能发电的电力公司、核能安全与保安院、核能安全委员会以及那些核电站推进派的学者们，对自己的言论与行为没有任何反省、不承担丝毫责任，也没有一点要改变方针的意图。这些人就是一群无能力、

①东海村 JCO 临界事故，1999 年 9 月 30 日在日本东京北部的东海村发生的核事故。——编者注
②指 2004 年 8 月 9 日，日本福井县美滨町的核电站发生的反应堆涡轮机房蒸汽泄漏事故。——编者注

无责任、无担当的人。不仅信口雌黄，还连自己说的是假话都忘记了，抑或是假装忘记了［镰田慧在《核能暴走列岛》中断言"我（镰田慧）之所以批判核能发电，就是因为要批判这一切的不正之风"。我对此深有同感］。

这场灾害是重新唤起日本国民（不，是世界人民）对"辐射恐怖"这一记忆的契机。和美国三里岛核事故、切尔诺贝利核事故匹敌，甚至超过二者之上的大量放射性物质泄漏，遭受高浓度的辐射污染的水汇入大海，农产品、海产品、土壤、雨水、河流都会遭受持续不断的污染。①

数十年，或数百年后，到这里游玩的旅行者，会看到如同上一章节描述的废墟情景吧。也许会有草木生长，但完全看不到动物。那将是一片死寂的风景。周围或许一直存留着大地震和海啸后留下的瓦砾，被海啸冲走、溺毙的，又被海水冲回岸上的人与动物的遗骸，或许已成为了白骨，就那样被遗留在岸上。由于高浓度的辐射，谁也不能去处理这些白骨与瓦砾，只能任它们留在那里。

废墟周围方圆二十公里以内，是被铁栅栏围起来而不能进入的区域。穿着厚厚的防辐射服，戴着护目镜和口罩，如同机

---

①拙著《福岛核电站人祸记——用安全神话骗人的人们》中，记录了从 2011 年 3 月 11 日开始的十日内，事故发生的状况，以及对"核能集团"人们的各种言行的查证。——原注

器人一般的守卫们严格地限制人与车的出入。进入这一区域的只有研究放射科学的研究者和测定人员，曾居住于此而难舍且不顾危险的少数冒险者。这种情景，我们不是在荧幕上见过吗？动画《风之谷》中的娜乌西卡戴着防护用具，迎着风在充满瘴气的"腐海"上空飞翔。

8. 风之谷的娜乌西卡

宫崎骏的长篇动画电影《风之谷》（1984 年）的主人公是小国风之谷族长基尔的十六岁女儿公主娜乌西卡。原作为其创作的同名漫画。在漫画中，关于时代背景的设定，有如下一段序文：

> 欧亚大陆西部边陲所孕育的工业文明，于数百年之间扩展至全世界，并造就了巨大的工业社会。剥夺大地资源、破坏大气层，更恣意改造生命体之巨大工业文明，于一千年后臻于顶点，然而随即急剧衰落下去。在名为"火之七日"的这场战争后，都市到处布满有毒物质而相继被破坏，复杂且高水准的技术体系崩溃，地表所到之处几乎皆已化为不毛之地。此后科技一蹶不振，人类因而将永久苟延残喘于衰微的时代。

如此想来，"欧亚大陆西部边陲"即英国。英国发生了工业革命，工业社会兴盛千年而灭亡的话，从英国工业革命的起点，18 世纪末开始算起，千年就是 28 世纪，即从现在算还有约七百年的未来世界。经历"火之七日"战争后，人类的工业文明就崩溃了。在那之后，活下来的人们只能在非常有限的地方建立一个个小国家（将其说成"村"似乎更合适。不过，侵略风之谷的多鲁美奇亚那样的大国也是有的），像工业文明未确立之前那样生活着。

在风之谷的附近有"腐海"。这是在"火之七日"战争后出现的广阔且有毒的不毛之地。腐海内部有巨大的变异菌类，被称为"王虫"的异形动物在其中生存。腐海通过菌类孢子的繁殖而不断扩大，释放出对植物和人类有毒的瘴气，威胁着风之谷的居民。

在风之谷，人们在族长所在的城郭中建起了大风车，通过海风的动力把水从地下引出。能够御风的娜乌西卡经常驾驶着单人滑翔翼或小型的战斗机在空中自由飞翔。她担当着利用海风吹走腐海的瘴气、防止孢子入侵的重任。

腐海是巨型菌类的繁衍之地。通过孢子囊中的孢子进行繁殖的菌类，通过菌丝相互联结，呈现出复杂多样的树状，共同释放出被称为瘴气的剧毒物质。因此，人类和动植物无法在此生息。瘴气对在腐海周边生存的人类和动植物也有着极大的影响。娜乌西卡在进入腐海时必须佩戴被称为"腐海面罩"的防护面具，保护自己不受毒气的侵害。孢子绝不能被带到人类居住的地方，一旦发现必须立即烧毁。如果不这么做，风之谷很快就会被孢子吞噬。这就是《风之谷》动画的背景设定。

巨大的工业文明被"火之七日"战争所终结。毋庸置疑，这指的是被称为"原子之火"的核爆，即核战争。近代的工业文明孕育出的终极武器——核武器，破坏了孕育它的母亲——工业文明。像娜乌西卡这样残存下来的人类，过着利用风力和水力进行农耕的古代生活。腐海则是由于核战争释放的辐射破坏了生态，放射物质残留形成的荒芜之地，释放出带有辐射的瘴气的菌类发生变异，并异常生长，从而出现人类和动植物无法生存的禁区。

具有辐射性的孢子，或意为辐射本身的瘴气，必须由风之谷的风力吹散。如同核电站通过发电机不间断地利用水循环来冷却反应堆而防止堆芯熔毁一样。不间断地向腐海吹风是生活在风之谷、能御风的娜乌西卡最重要的工作。这就是娜乌西卡所在的"火之七日"后的战后世界。

9. 大自然之自净

然而，宫崎骏自己，或者说《风之谷》这部作品本身并没有直接说出腐海是指辐射污染地带、瘴气就是指辐射，以及菌类之所以有着奇妙变异是辐射所致。有人认为其中的瘴气是指沙林毒气、二噁英或者其他什么干扰内分泌的有毒物质也并非不可。人类自作自受，自己造出来的东西让自己变得流离失所，在贫瘠的土地上，过着比工业文明前的世界还要贫穷且劳作时间更长的生活。不过，比起工业文明的巅峰时代，这种生活就一定不幸吗？科学文明孕育了核能，而这种能源最后导致了核武器和无法处理的核能发电废弃物的产生。比起生活在危险的核能附近的愚蠢的人们，显然是聪明的少女娜乌西卡更有先见之明。

在漫画《风之谷》的最后一卷中，古代人制造的人造生物"巨神兵"为了制止人类相互之间的战争，用"巨神之火"再现了"火之七日"（在电视动画版中，巨神兵的设置则是为了对付"王虫"而苏醒，没有什么大作为就瓦解死亡了）。

漫画中，有关于蘑菇云的描写，也有"巨神之火"撒下灰之类的描述。娜乌西卡提醒人们注意不要把灰吸入肺里，她说："灰，'火之七日'后就会出现这样的。"一言以蔽之，漫画中"巨神兵"指代的是引发核爆的机器人武器，"火之七日"则指代的是这种核武器引发的核战争。这点在漫画中表达得十分清楚。

另外，关于核电站，在动画《千与千寻》（2001年）中主人公小千工作的叫作"油屋"的澡堂里，蜘蛛体形且有六只手的锅炉爷爷工作的锅炉房大概就象征了核电站的沸水反应堆。无论是锅炉爷爷操作蒸汽锅炉，使其开始运行，或是搬煤精灵们努力工作的情景，还是通过烧煤产生沸水和蒸汽给油屋所有的澡盆供热的情景，会让人联想到是在讽刺通过核能发电的核电站的反应堆。

"油屋"这个名字本身意指在核能产生以前，使用煤和石油燃料的时代产物（据说油屋的创作原型是台湾九份的街区，该街区以前曾是煤矿区）。闯入到奇异世界的小千实际是从自己的时代穿越到了以前的时代。对比娜乌西卡这位生活在工业革命一千年后的世界中的少女，小千则是处在进入以蒸汽机的发明为标志的工业革命的最初时期。澡堂里所有澡盆的放水装置是家庭手工作坊制造的装置（不是机械制造的）。在动画《幽灵公主》（1997 年）中，主人公阿席达卡和女孩们在铁匠铺踩鼓风机脚踏板的一幕令人印象深刻。我认为，宫崎骏的动画十分偏爱描写近代以前的工艺和装置。这些意味着他可能属于"脱离核电站"派。

更准确地说，无论是《风之谷》还是《千与千寻》，都表达了宫崎骏对置身于工业文明与科学极度发达的世界的不满与厌恶。

与此相关的宫崎骏动画的另一主题则是顺应自然，大自然能自然而然地恢复被破坏的环境。在《风之谷》中，娜乌西卡在隐秘的地下小屋中栽培腐海的植物，通过干净的水和空气进行水耕栽培，腐海的植物变得干净无毒。同样的情况也出现在腐海的深层地下，植物把地里的有毒物质通过根吸收出来，变为无毒物质，植物硅化变成化石，沉积在腐海的地下，向地表释放出干净的空气。如果这样的过程持续千年，腐海就能在漫长的时间中逐渐完成自我净化。

类似的情况在《千与千寻》中则借用河神这一角色的表现。遍体覆盖污泥的巨型河神来到油屋，集腐臭与脏污于一身的这位客人被小千带到大浴池洗澡。在河神的身上，小千发现了像自行车车把一样的东西并拔了出来，于是从河神的身体中倾泻出了被非法丢弃的家具、瓦砾和厨余垃圾残渣等，河神终于显现出了真身。这一段的寓意是，河流被非法丢弃的垃圾所污染，经过净化后，重新变为澄澈的河流。

不过，这种与自然调和的生态学思想并不适用于核能与核电站所出现的情况。即使将辐射与核废料自然静置也很难自我净化。看看放射性物质的衰减期：钠-24 需十五个小时，碘-131 需八天，锶-90 需二十九年，铯-137 需三十年，钚-238 需八十七年，铀-235 需七亿年。大多数的放射性物质一旦辐射人体，一辈子也无法排出。

虽然宫崎骏的"自然治愈"主题无法适用于放射物质的辐射问题，但在面对核电站事故造成的各种灾难时，至少我们不能否定他的这种想法。也有一种主张认为，人体的细胞可以自我修复辐射损伤并实现免疫。即使这是真的，我们也绝不鼓励让人体经受辐射。自然的自净、人为的环境净化、人体的自愈力等等都是美好的想法，但非常遗憾的是，这些都近似于空想。

10. 阿基拉的战后世界

与娜乌西卡所处的世界一样，大友克洋的动画电影作品《阿基拉》也描绘了核战争后的世界。作品一开始的设定是"1982 年 12 月 6 日，下午两点十七分，关东地区遭到新型炸弹轰炸"。九个小时之后，第三次世界大战爆发，世界各地的主要都市都遭受了攻击。三十八年之后的"现在"，都市的复兴还没有实现。在过去的商业街所在地，核弹爆炸中心点留下的盆地形深坑（撞击坑）令人生畏。

《阿基拉》中的时代背景是 2019 年。旧东京的核弹爆炸中心点一带成为禁止入内的区域。日本首都的职能已经转移到了在东京湾填海造出的新东京。为了满足自己冒险之心的暴走族在新旧东京之间游走，以闯入禁区为乐。

某日夜里，暴走族中的金田和铁雄碰到了一个又像老人又像孩子的奇怪男子，铁雄跌下摩托车，身负重伤后神秘失踪。对于金田来说，铁雄不只是其好友，还是其小弟。为了寻找铁雄，金田被卷入了与体制内的军方、城市反政府组织游击队的战争之中。反政府组织的女性 K、军方的上校、作为国家机密的阿基拉和有超能力的高志等角色轮番登场，以 2019 年后的二十年为时间背景，在未来都市——新东京展开了壮大的末日叙事。这就是《阿基拉》的大概内容。

作品中提到的东京被核弹轰炸、第三次世界大战爆发之日为"1982年12月6日"，事实上这是漫画《阿基拉》在《周刊青年漫画》上开始连载的日期。对于当时的读者来说，就是和自己处于同一时空的故事。当然，接下来一下跨越到"三十八年之后"，即前文所述的2019年后的二十年。即使，读者认为穿行于摩天大楼和高速公路之间的暴走族人物金田和铁雄是生活在20世纪80年代，即把漫画中的"现代"看成20世纪80年代也毫无不和谐之感。金田就读的"青少年高等职业训练专门学校"也更像20世纪80年代的产物，而非出现在21世纪的学校，其中还有着会对学生进行体罚的老师，更像是以前暴力泛滥的"坏学校"。虽然不良少年和异性交往的情况在任何时代都会出现，但金田和铁雄的行为显然更具有20世纪80年代的特征。实际上，《阿基拉》是一部讲述20世纪80年代的青少年故事的作品，也是一部与未来世界有交集的启示录。

《阿基拉论》收录在《被辐射者电影：日本电影中广岛与长崎的核形象》中的论文，其作者弗雷达·弗赖伯格（Freda Freiberg）认为《阿基拉》是一部在广岛、长崎原子弹爆炸时隔多年后，向并不了解原子弹爆炸的战后一代代人讲述的核战之后故事的作品（这篇文章的立论依据是动漫版《阿基拉》，1988年，大友克洋导演）。另外，金田和铁雄是孤儿，这也说明了此作品讲述的是"家族的破坏""父母的丧失"等战后社会问题的故事。金田一个人住在肮脏的公寓中，铁雄虽然有家人，但家族人物在漫画中的画面上从未出现过。这是所有登场人物都有的共通点，无论是军队、反政府游击队，还是新兴宗教团体都积极地把家庭生活排除在外。

金田和铁雄同是孤独且被人欺负的孩子，以此成为朋友。动画中有一幕，还在读小学的金田和铁雄在高架桥下面的小公园中相遇了，金田对哭泣的铁雄说："社区的那些人啊……新搬来的人总是这样的……"以过来人的身份向新搬来的人传授经验，仿佛让对方经历了一个人生的成长仪式。金田对想要逃走的铁雄说："不是啊，我只不过如此这般……"长大后的金田对铁雄说："不是啊，铁雄，我那时候，就是想着成为朋友……"

这是孤独少年之间的友谊。不过从孩提时代开始，年纪稍长的金田就以兄长自居，铁雄不得不听从他的命令。后来，拥有超能力的铁雄对无意中压制着自己的金田表达了反抗的意思。

去掉《阿基拉》是以科幻手法描绘未来世界的破坏与毁灭的这一表象，如果从暴走族这个狭小孤独圈子中的友谊与背叛关系这个角度来说，这部作品在讲述了家庭崩坏的同时，也刻画了少年之间友谊的破灭，从根本上讲是描绘了人类社会的虚无与绝望。当然，金田和K、铁雄和香织的异性之恋在本质上也是没能成形的。以金田和铁雄为典型人物的《阿基拉》是极致的同性①世界。

虽然是核战争之后的社会，但在爆炸中心依然残留着巨大的弹坑，辐射的危害性也依然存在。当然，如果没有了辐射的影响，作品末尾阿基拉的核爆炸（自爆）就无法发生，作者本身对这场核爆炸是没有恐惧和反感的，毋宁说表达了一种破坏的冲动与愿望——为了重建一切，先破坏整个世界。这些登场人物是孤独的，正因为忍受不了孤独而行为狂暴，希望被注意、被承认。

阿基拉被认为是三十多年后重新出现在日本的哥斯拉。它再一次给因原子弹爆炸而几乎夷为平地的日本带来了破坏和毁灭。哥斯拉为了夺回因原子弹爆炸而失去的东西，再次传播原子弹和辐射的恐怖；阿基拉则完全不在乎肉眼看不到的辐射之恐怖，而是一味通过破坏和毁灭来达到净化的目的。表达了回归完全自由、没有制约和压抑的（只是主观上如此以为的）战后社会（黑市、被烧毁的遗迹）的愿望（弗雷达·弗赖伯格指出，在没有父母登场、异性之恋未成形的这部作品中，爆炸中心地的弹坑即子宫这样的象征显示出强烈回归母胎的倾向）。

---

① 同性，英文为"homosocial"，社会学专用名词。指以同性友谊为基础的社交，不含有恋爱与性的意思。

第四章 "核电站"文学史

1. 哥斯拉的复活

1954 年的初代哥斯拉是在地球被原子弹爆炸、氢弹试验大规模辐射污染的恐怖背景下登场的。此后,哥斯拉受到昭和时代的社会风俗和审美的影响,虽然外表上没有太大变化(就是表情比较稳定且有点滑稽),但没有了之前的凶暴和残忍(不再把人和车踩碎了),终于蜕变成了地球和人类的守护神,即变成了维护正义的"奥特曼"① 的形象。随之而来的,则是逐渐出现恢复初代哥斯拉的神秘暴力性的尝试。

名为"哥斯拉复活"的项目从 1978 年开始。眉村卓、光濑

①奥特曼,日本电视剧《奥特曼》中的巨人。为保卫地球,与众多凶暴的怪兽展开战斗,是剧中正义的化身。——编者注

龙、荒卷义雄等日本当代科幻作家以创作比赛的形式分别以"哥斯拉的复活"为主题进行创作。作为科幻作家,每个人的创作都是哥斯拉与宇宙人和宇宙生物相关。以东宝公司的"哥斯拉复活"项目为目标,为了扭转昭和时代《哥斯拉》电影的观众趋向低龄化局面,让使人感到亲切的哥斯拉恢复成原来的"恐怖哥斯拉",使成人也愿意观看其电影。"复活恐怖哥斯拉"电影的各种创意,都类似当时热映的《星球大战》(乔治·卢卡斯导演,1977 年)和《异形》(雷德利·斯科特导演,1979年),把哥斯拉作为宇宙怪兽,将其活动范围扩大到宇宙空间。"恐怖哥斯拉"复活后的作品有着和最初的哥斯拉电影一样,哥斯拉极具凶狠性,极具"毁灭之神"的神话性,回归了最初的氢弹怪兽的形象。既象征着被美苏核试验的高浓度辐射污染的大气、海洋、土壤和动植物的大自然报复,从而引发全球大骚动,同时也是对人类的一种抵抗。

昭和时代的哥斯拉被设定与金刚、摩斯拉和基多拉等怪兽对决,还有摩斯拉①的下一代迷你拉登场等情节,使得电影观众越来越低龄化,出现了机械哥斯拉等机器怪兽后更是让"哥斯拉"电影定型成了儿童电影。随着观众的逐渐减少,系列电影的制作也岌岌可危。

当时,被称为"哥斯拉"系列电影之父的制片人田中友幸

---

① 应为哥斯拉,疑原书误。

（负责昭和时代全部"哥斯拉"电影的策划与制作）有着自己的见解。与其他的创作者把哥斯拉推向宇宙、制作类似电影《星球大战》的倾向不同，他想通过恢复哥斯拉那氢弹怪兽的形象使"恐怖哥斯拉"复活。

当然，如前文所述，氢弹怪兽哥斯拉令人恐怖的根源，是在比基尼环礁附近被辐射的日本渔船"第五福龙丸"及鱼类放射性食物上了餐桌的日常生活中的恐怖。除了被辐射的金枪鱼，还有其他水产品、农作物、加工食品、自来水的辐射，"黑雨"导致土壤具有放射性等，全部与人的衣食住行相关，是近在咫尺的恐怖。

20 世纪 60 年代末至 70 年代，日本经历了全共斗运动、赤军事件①、冲绳返还运动和反公害运动等一系列事件。在 20 世纪 80 年代，想要和大部分人讨论原子弹、氢弹爆炸的核战争之恐怖是不现实的。1963 年美国、苏联、英国签订了《部分禁止核试验条约》。该条约规定今后的核试验只能在地下进行（大气层、外层空间和水下的试验被禁止）。此后，美苏又在 1974 年签订了地下核试验的限制条约，即《限制地下核武器实验条约》，规定双方的地下核试验的核当量不得超过 15 万吨。

---

① 全共斗运动,1968 年至 1969 年日本的学生运动。由于路线分歧产生分裂,形成了马列派、赤军派等派系。赤军派后来又分裂为赤军派、联合赤军和日本赤军三派。日本赤军在日本各地制造了一系列袭击事件。

此外，在朝鲜战争、古巴导弹危机、越南战争、海湾战争中，交战国都没有使用战略性核武器。美国和苏联都拥有很多核武器，不到双方决定共同灭亡的时候绝不能动用核武器。因此核武也就成了"被禁止的武器"（即使如此，谁也不能保证绝不会使用核武器。在伊拉克战争中，美军使用的贫铀穿甲弹是用铀浓缩加工成核燃料的衍生品的贫铀合金制作的，也具有辐射性）。

在逐渐缩减核军备的全球环境下，把第一代哥斯拉的氢弹怪兽形象作为卖点，只用其口中吐出的放射性热能光束的特征来唤起多数人的恐怖回忆是十分困难的。所以，在复活哥斯拉的项目中被使用的是核能的另一个表现形象——核电站。

2. 哥斯拉的第二次死去

作为知名制片人，田中友幸撰写的策划书《哥斯拉复活的提案》开启了1984年上映的第二期"哥斯拉"系列电影（哥斯拉诞生二十年纪念作品）。其中有一幕是哥斯拉向着位于"九十九里①的松林中"的"未来都市的建筑群"，即"作为能源政策的部分产物，政府集结人才建设的关东核能研究所"踏出了破坏性的一步。毫无疑问，电影中的核电站的相关设施和具备多

---

①九十九里，指九十九里滨，日本千叶县房总半岛的海岸。——编者注

种最新研究设备的关东核能研究所，是以茨城县东海村的核电站及核能研究设施为蓝本进行设计的。在那里进行着世界瞩目的"惯性局限核聚变发电"试验，即利用镭射冲击波让含有氘和氚等元素的原子核产生高温及压力变化，引发核聚变反应。这种反应可以避免爆炸与辐射的危险，产生新的安全的核能用于发电。

普通的核能发电是利用铀元素在反应堆内裂变并释放出大量热能，通过高压下的循环冷却水把热能带出，在蒸汽发生器内生成蒸汽，推动发电机旋转，从而产生电能。与之相对，核聚变发电则是利用核聚变产生的巨大能量进行发电的划时代的发电方式。当然，现实中除了制造氢弹之外，人类还无法成功利用核聚变。

电影中的哥斯拉步步向核能研究所逼近，但日本自卫队的猛攻和具有三种形态的怪兽霸岗①的袭击导致它筋疲力尽，在破坏了反应堆所在建筑之后就倒下了。但是，被破坏的建筑中出现了核泄漏，作为氢弹怪兽的哥斯拉在吸收了核辐射之后恢复了战斗力。吸收了辐射的哥斯拉更具力量性，很快就打倒了对手霸岗。势不可当的哥斯拉凶狠狂暴，但是研究激光核聚变的

①霸岗，1980年由"哥斯拉"系列电影制作人田中友幸提案和塑造的怪兽形象，具有类似龙、猴、蛇的三种形态。因中国最早的诗文总集《文选》中的怪物"马衔"的日语音译而得名。——编者注

稻村博士向哥斯拉发射了自己发明的超核能武器，使得它体内发生了巨大的核聚变反应，化成了一团火球飞向空中。

以上这些是原来策划书中的剧情内容。最后由桥本幸治导演的电影《哥斯拉1984》的内容与策划书中的却不尽相同。电影中位于九十九里滨的核能研究所是以静冈县的滨冈核电站为原型的，怪兽霸岗也没有出现（取而代之的是海虫形状的怪兽，且完全不是哥斯拉的对手）。但是电影版的哥斯拉比策划书版的更执着于核能，它袭击苏联的核潜艇，袭击核电站，全都是为了吸收核能。可以说，在电影中，哥斯拉更加依赖于核物质和核辐射，是个"核能成瘾者"，没有核就活不下去（影片中，哥斯拉破坏了存放核反应堆的建筑物，从中找到核反应堆，然后吸收了全部核能，所以并没有导致核泄漏）。

电影中复活的"恐怖哥斯拉"变得更高了，以前被设定为50米，复活后的则是80米。从孩子们眼中的"迷你拉的爸爸"的面孔变回了凶猛的原貌。和第一代哥斯拉一样，毫不留情地破坏了东京的街道和新干线铁路。伴随着尖细金属质感的怪叫声，毁坏了晴海码头、有乐町中央大楼、东京市政府所在的西新宿等有20世纪80年代风情的东京各区域地标建筑。①

---

①晴海码头，位于东京中央区临东京湾的码头。有乐町中央大楼，位于东京千代田区的商业中心大楼，1984年竣工。西新宿，位于东京新宿区，所在区域建有多栋摩天大楼。——编者注

与三十年前相比较，当时东京的建筑变得更加高大化，也变得更加宽敞明亮。如果是以前 50 米身高的哥斯拉恐怕就会被高耸的一幢幢大楼遮蔽，让人看不出其破坏的威力了。即便如此，比身高 80 米的哥斯拉还要高的建筑物也并不罕见。无论如何对其攻击，哥斯拉还是能一脚踩扁装甲车，用尾巴一扫就能摧毁机动火炮，一张嘴吐出放射性热能光束就能烧毁战斗机。自卫队在哥斯拉面前依旧显得束手无策，但是有秘密武器的首都防卫战斗机"超级 X"利用镉弹削弱了哥斯拉的力量〔在铀进行核分裂的时候，镉可以吸收中子从而控制核反应，这一创意也运用在电影《哥斯拉对战碧奥兰蒂》（1989 年）中。影片中的"抗核细菌"，即阻止核分裂的一种细菌被作为对抗哥斯拉的武器〕。但是，在电影中，苏联错误发射的核弹因美国的反击导弹而在新宿上空被破坏，大量扩散的辐射使得本已衰弱的哥斯拉复活了。虽说如此，被哥斯拉破坏的当时（20 世纪 80 年代）的东京也真的是值得破坏的，虚假的繁荣、脆弱的城市体系，都市生活中的一切都像是空中楼阁。

如果没有核电站，就无法支撑现代高度依赖能源的消费生活。被电力公司此类的广告宣传所"鼓动"着的现代生活，与对核能成瘾，即使是原子弹爆炸的能量也要贪婪吸收的哥斯拉的核欲望似乎十分相像。不过，哥斯拉的恐怖，即便是其象征了原子弹、氢弹爆炸的恐怖，也无法象征核能发电的恐怖。从这个意义上说，哥斯拉只是原子弹、氢弹的核武器时代的恐怖象征，只能象征核武器而已。

或许"哥斯拉的复活"是成功的。但从田中友幸的策划案到永原秀一的剧本，再到桥本幸治的执导成片，核电站的主题表现逐渐变得模糊。至少，很少有观众会把对于核电站的恐怖之感与哥斯拉的凶恶面孔对应起来，把核电站看成和哥斯拉一样恐怖的东西，或许在那时还为时尚早。

十一年之后，哥斯拉在本质上与核电站反应堆是同一构造之物的想法终于得以明确。平成时代的"哥斯拉对战"系列电影的最终作品《哥斯拉对战戴斯特洛伊亚》（1995 年，至此"哥斯拉"系列电影最终结束）中，吸收了过量的核能、全身呈现诡异红光的哥斯拉带着核能爆炸的危险性踏进了中国香港，然后是中国台湾、日本冲绳，一路北上到达东京湾。这时，主人公芹泽博士用来杀死初代哥斯拉的"氧气破坏素"令上古怪兽复活，变成了集合体式的怪兽戴斯特洛伊亚，哥斯拉和其血战，终于杀死了戴斯特洛伊亚。但哥斯拉心脏位置的核反应堆堆芯熔毁，使得哥斯拉的身体分崩离析。昭和时代人们塑造出的哥斯拉是氢弹怪兽，但平成时代的哥斯拉则被塑造成核电怪兽（在原剧本中，还有一个镜头是哥斯拉想要入侵类似伊方核电站①的地方）。这一时期的哥斯拉电影制作人已经放弃了作为

---

①伊方核电站，位于日本爱媛县的海岛上的核电站。2004 年曾发生冷却剂泄漏事件。——编者注

氢弹怪兽的哥斯拉形象，而是把哥斯拉塑造成了核能的化身。

　　然而，无论在 1984 年还是 1995 年，哥斯拉心脏部位的核反应堆堆芯熔毁都是多么令人恐怖之事，电影的制作人和观众们似乎都还未完全明白。核反应堆的温度达到 2000 摄氏度以上就会发生堆芯熔毁，随之会发生氢气爆炸，然后全部的核辐射扩散到整个地球。在电影中，初代哥斯拉被"氧气破坏素"打败，成为了埋在东京湾的白骨。在平成时代的电影《哥斯拉对战戴斯特洛伊亚》中，哥斯拉因堆芯熔毁而分崩离析。初代哥斯拉把人们对原子弹的恐怖带到现代日本乃至全世界，然而平成时代的哥斯拉却没能做到让人们对核电站感到恐怖。哥斯拉再度"死"去了。毋宁说是人们对于核能和辐射（死之灰）的恐怖之感在高度发达的资本主义社会中如烟雾一般消散了。

3. 若狭的"核电站银座"

　　原子弹与核电站是一个硬币的两面，却都是人类无法完全操控的危险之物。对于这些，我们前面已经得出了结论，然而到目前为止，在日本的文化史、文学史中虽有很多关于原子弹爆炸的作品，但能让人印象深刻的关于核电站的作品却几乎没有。

　　原子弹是战争的武器，而核电站是对核能的"和平利用"，是值得肯定之物，这一点似乎成了常识。禁止原子弹氢弹试验运动、反核运动等在战后的日本社会中都带有政治色彩,让普通的民众产生距离感。在广岛和长崎举行的和平运动中,参加者都是扛着各种大旗的劳动工会的成员、政党关联者、政治团体和组织的关联者,这种情况一直持续到现在。

当然,一些文学家对核电站的危险性给予了多次警告。水上勉①就是其中的一个代表人物,他的故乡在被称为"核电站银座"② 的福井县若狭地区一个被叫作大饭町的地方。当地的大饭核电站的一号机组至四号机组在"3·11"东日本大地震后的4月依然全部持续运行着。在其附近还有美滨核电站、高滨核电站、敦贺核电站,其中敦贺核电站中还有着著名的"文殊"快中子反应堆。在这种情况下,若狭地区的渔业和农业衰退,很多生活在若狭的人失去了谋生手段。为了减轻家庭负担,男孩从幼年时期就被送去当用人,女孩到妓院谋生的不在少数。在水上勉的名作《五号街夕雾楼》《金阁炎上》中,同乡的年轻僧人和卖春女子之间的友谊与爱情已是当地人生活情感的写照。

在这样贫困的故乡,人们为钱所困、为钱所屈服,建成了核电站,这种电站的存在意义就是为了促进大都市对电能的奢

①水上勉(1919—2004),日本小说家。主要作品有《雾和影》《饥饿海峡》等。——编者注

②"核电站银座",银座是日本繁荣的象征,用银座来比喻某种事物的繁荣。此处意指日本若狭是核电站集中的地区。

侈消费，为了实现日本政府以核电站为中心的核能政策的落地。若狭的人们因为大都市的核能政策而被出卖了。这种出卖不只是出卖了人们故乡的土地、山河、房子，而是出卖了在这片土地生活的人们的"心"，用很少的钱买走了人们的"心灵故乡"。

水上勉的小说描写了若狭地区的贫困，描写了至死无名的人们的一生。打鱼的人、种植果树的人、制作棺材的人、制作木屐的人等这些底层之人的生死都在他的笔下。沿着其故乡海岸建造的、一开始就注定要成为废墟的巨大钢筋混凝土建筑，这些拥有令人不寒而栗的外形的建筑物以其设施与设备毁坏了故乡的美丽风景，让若狭的风貌看起来如同西方的怪物一般。把人们看不见、闻不到、摸不着的核能和辐射"包裹"其中的巨大建筑本不该在那里，但现在却像恐龙或是猛犸象的巨大尸骸一般横卧在当地。其长篇小说《故乡》中有如下描写：

　　大约五百米的前方有两座核电站。眼前松树和椎树的枝条交错伸展着，从缝隙中能看到反应堆圆顶外壳的底部直至空中。这个巨大的圆顶作为建筑本身就显得十分诡异，而且还是两个，掩映在近处弯曲且寂静的山路中。两个旧圆顶的对面，北方的半岛露出波状地层，如同被剥了皮的牛一般。正面是正在建造的两个新圆顶，灰黑色的、球状的，沉重得仿佛生了根一般。大约在一千米外，在通往工地的凹凸不平的路上，许多卡车和翻斗车在"奔跑"着。

看不到人影，只有巨大的建筑在入海口如同怪物一般孤独蠢立，因人迹罕至，它显得越发令人毛骨悚然。

这段文字描绘的是小说中芦田富美子与芦田孝二夫妻坐出租车去看核电站时，所见到的关西电力公司的高滨核电站的风景，这座核电站位于若狭海湾凸出的海岬一端。毫无疑问，这也是作者水上勉亲眼见过的景色。高滨核电站的一号机组、二号机组在 1974 年至 1975 年陆续开始运行。三号机组、四号机组是在 1980 年开始施工，1985 年开始运行的。所以，可以推算这个小说的创作时间在 1983 年至 1984 年。移民到美国的日本夫妇回到故乡，却不可避免地见到了家乡的若狭海湾上静静蠢立的怪物一般的核电站。

尽管故乡若狭很贫穷，但当地的人努力维持生计，并不需要这种怪物般的核电站。那么究竟为什么在若狭地区建成了这么多核电站呢？作者水上勉认为其中一个原因是近代日本农村的耕地继承制度造成的。面积狭小的农田并没有由家中兄弟分割继承，而是都由长子一人继承，家中的次子、三子都去了都市（分田的人是傻瓜①）。一个人留在家乡的长子，想要让去都

---

①在日语中"分田"被叫作"田分け"，发音为 tawake。形容人愚蠢则称其为"田分け者"，发音为 tawakemono。由于日本田地面积狭小，一代一代分田只会导致每家的田地面积越来越小，所以日本人认为分田的人是傻瓜。

市的弟弟妹妹返乡，因而受到了核电站相关人员的鼓动，让其认为通过建设核电站能让乡村实现比都市还要富裕和现代化的生活。

一方面，我们可以推测作品中的这一情节来自离开家乡若狭去往京都当僧人的水上勉的亲身经历；另一方面，这也反映了日本农村的弊病。年轻人都去了都市，农村剩下的只有老人，留下来务农的男性也找不到愿意嫁过来的女子。正是这种情况使得在当地建设核电站的宣传显得更加诱人。

当然，核电站并不会让地方变得繁荣，而是像毒品成瘾一般慢慢地瓦解和毁灭了地方乡村。福岛第一核电站的周边地域已如字面意思一样被"毁灭"了，还有像若狭和柏崎这样的地区，一个接一个地建设核电站，人们与危险"比邻而居"，当地成为"核电站银座"，在作为人类居住地的意义上已经被"毁灭"了。[柏崎发生了在自家长期监禁少女，但同居的母亲和邻居却毫不知情的奇特事件①，的确是一种"毁灭"（矢部史郎，《核能都市》，2010 年）。]

小说《故乡》还把核电站比喻为棺材。主人公芦田孝二曾引用其子谦吉的话说："谦吉说那是人类文明生出的怪物。的

---

① 指柏崎少女囚禁事件,1990 年,某小学女学生在放学回家时被名为佐藤的男性拐走,佐藤将受害者囚禁于自己位于柏崎的家中长达九年。该犯人与其母亲住在一起,母亲长期遭受其家暴。受害者在 2000 年被解救,佐藤被判有期徒刑 17 年,于 2017 年出狱后病死家中。

确，那个怪物的棺材真的是太大了。"其妻富美子则反对说：
"说是棺材，太过分了，因为有了核电站才能奢侈地用电呀。这
个国家在成长呢。"不过，这种"奢侈"只是一瞬间的，成长也
是有界限的，最终人们也意识到核电站不能给人类和社会带来
幸福。留给我们的最根本的问题是，核电站这个"怪物"是否
能被好好地关在"棺材"里呢？芦田夫妻最终没有在成为了
"核电站银座"的故乡定居，因为故乡已经成为了遍布"棺材"
的地方了。①

　　水上勉另有一部以生活在故乡的友人为人物原型写就的短
篇小说《金槌的话》。被"核电站"雇用为计时工的主人公，
其脸颊上出现了幼时所没有的茄子形的伤痕。晚上主人公喝醉
后会给住在东京的小说作家（"我"）打电话诉说农村的生活。
对于"我"来说，听到这些话是很高兴的。但某天晚上，他说
起去核电站上班的路上，看到路边并排有七个呕吐物，便在电
话中边说边抽泣起来。小说中没有明示，但毋庸置疑，这是对

①小说《故乡》从1978年开始在《京都新闻》和《福井新闻》等地方报纸上连载，
　1997年出版。出版比较晚的原因，可能是因为"作为不断变化的现代地方农村
　的典型——若狭和丹后地区"的"现代"生活变化太多，作者有着无法尽述的意
　犹未尽感；可能是因为对核电站的负面性着墨太多，遭到了地方政府的批判；
　也可能是因为作者自己也存在疑问。不过，在搁置了十几年之后，在核电站引
　起的问题更加恶化的情况下，作者做出了出版的决定。另外，同样以若狭和丹
　后地区的核电站为背景的作品还有野坂昭如的《乱离骨灰鬼胎草》《山师之死》
　等短篇小说。——原注

去做计时工作的劳动者们被辐射的暗示。但是即使身体出现疼痛，还是不能不去工作。"贫穷"（不只是物质上的），作为小说作家的"我"不由自主地想到这个词。

4. 《西海核电站》

井上光晴的作品《西海核电站》（1986 年）的故事发生地为九州西海地方的核电站，是以玄海核电站为原型的核电站主题中篇小说。玄海核电站位于佐贺县东松浦半岛的西部区域中玄界滩海域的海岬凸起的地方。一号机组于 1975 年 10 月开始运行，是九州电力公司下属的第一个核电站。之后，二号、三号、四号机组也建设完成并开始运行，这些机组内均为压水型轻水反应堆。其中三号机组是日本核电站中首次使用铀和钚的氧化物混合物燃料进行核能发电。玄海核电站迫于政府的核能政策而接受了"核燃料循环利用"的方式。由于此方式危险性比较高，其他的核电站都不愿意接受。

同其他核电站一样，玄海核电站也是建在人口流失较多的海岸地带。因为冷却轻水反应堆需要大量的水，为了方便获取海水，核电站就必须建在海岸边。不仅出于排放温水的需要，还因为没有其他地方可供排放大量的废水（在玄海核电站中建有可以利用温水的植物温室）。

核电站附近海域的海水污染自不必说，从事渔业工作的人们被迫放弃捕鱼，为此必须给他们发放补偿金。另外，土壤和农业用水被污染，不光要有建设用地，还要确保土地面积足够大，因此对农业相关者也要进行补偿。与那些富裕的村镇的人自然难以进行交涉，便只能瞄准这些人口外流、土地贫瘠的地方，"拆迁公司"的人一个个出来大显身手。就这样，那些被人嫌弃的狭小的、贫瘠的、荒芜的土地突然变成了河沙中的黄沙金一般，出现了一股淘金潮。

建设玄海核电站、柏崎的刘羽核电站的地方都是如此，本来是煤和石油产业兴盛的地区。但如今煤矿和油田产业变成了夕阳产业。玄海核电站的所在地以前是筑丰煤田（安本末子的小说《二哥》中的炭坑住宅区就是以此地为背景原型进行创作的）。以有泽广巳为首的经济学家推动的能源政策改革导致煤矿倒闭，为各地带来了如毒品一样的建设核电站引导方案。参照核电站推进派成员所写的书（渡部行《引入核电站吧》）的内容，玄海核电站一号到四号机组的总建设费用大约是九千亿日元，已接近一兆日元了。当然，建设费不会全部落在实处，总是有各种的施工费、人工费和上不得台面的费用。另外，根据"电源三法"的规定，政府建设玄海核电站要支付给村镇的补助金，一号、二号机组是十八亿日元，三号、四号机组是一百零二亿日元，这些钱都要交给人口七千五百人的玄海町。

柏崎的刘羽核电站所在地原本是零散分布的石油开采井（当然，小油井都倒闭了）。拥有福岛核电站的东京电力公司拥有尾濑地区的土地。而划归群马县的一部分尾濑的土地和东京电力公司的前身——电力会社有着密切关系，最终这块土地也归东京电力公司所有。由此可见，那些没有重要资源，只有山河湖沼的地方慢慢地被核电站占据也就变得理所当然了。①

　　小说《西海核电站》的故事开端是，一个叫水木品子的女性被烧死，遗体在自己家中被发现，水木品子生前曾积极宣传核电站的危害。水木品子未婚，却在她家中还发现了另一具被烧死的男性尸体。死者是一个叫名乡秀次的男性，在西海核电站工作。他曾告诉水木品子，他在核电站工作的时候，看见有母猫和小猫叼走了工人的橡胶手套，但是刚一叼走，两只猫就都失明了，估计是核电站的辐射导致的。

---

① 人口密度高的土地上绝对不能建核电站，而且建核电站必须得到地方自治体的同意和认可，特别是那些财政上有危机而愿意赌一把的地方政府，是被大力推广核电站的对象。响应推广，申请建设"高浓度辐射性废弃物处理场"但没能成功的高知县东洋町的前负责人写过一本书，书名是《谁也不知道的小镇的"核战争"》(田嵨裕起著，2008年，WAC出版)。虽然被反核电站派反对而未能连任官职的作者讲述了自己的怨恨，但是他为了给地方政府筹钱，改善财政赤字而把"灵魂卖给恶魔"的心情是可以理解的(不过这位原来隶属日本共产党的地方政府负责人没考虑过建了核电站的东洋町会变成什么样，他的思考已经停滞了。人穷志短，他对反核派的仇恨很深)。说是只申请进行文献调查，但是只进行文献调查的话，当地不可能得到两亿日元的拨款，日后又得到十亿日元拨款。日本政府也太慷慨了。只要稍微得到一点钱，地方政府就难以收手了。世间一切都是如此。镰田慧在《去往核能列岛》(2001年，集英社)中讲述了建核电站的地方政府金钱流向的实情。——原注

小说中有一个叫作"有明座"的剧团，其中很多成员都是经历过长崎核爆的受害者。该剧团排演了一部叫作《钚之秋》的话剧。剧团的团长浦上新五是长崎的核爆受害者，成员浦上耕太郎则称在长崎原子弹爆炸时自己还在母亲肚子里，是胎内受辐射。有人怀疑水木品子、名乡秀次和浦上耕太郎有不正当关系，所以浦上耕太郎为了了结一切，放火烧了水木品子的家，也有人说水木品子是知道了浦上耕太郎背叛了自己（有了另外的女友），从而选择自我了断。于是，各种流言甚嚣尘上。

团长认为，在核电站工作的名乡秀次是为了打探属于反核电站派的"有明座"的情况而接近浦上耕太郎的。名乡秀次和浦上耕太郎两个人可以说是"间谍"，都想打探对方的情报。因为此事遭到团长质问的浦上耕太郎发现了团长实际并不是长崎核爆受害者的事实。团长是在长崎被轰炸的第三天后到达长崎的，是事后受害者。因为"有明座"是核爆受害者组成的剧团，所以才上演反对核电站的话剧，浦上耕太郎对团长的欺骗行为大加批评。然而，在调查放火事件真相的过程中，浦上耕太郎不是辐射被害者的事实也被"挖"了出来。他是为了欺骗年轻女性才撒了谎。

在这部作品中，在核电站工作的人、排演反对核电站话剧的人，孰好孰坏是无法分辨的；虚假的核爆受害者、真正的核爆受害者，谁是谁非也是难辨真伪。现实与虚幻、演戏与现实来回反转，线索明暗交错，把读者带入混沌的世界。

由核电站引发的舆论，发生各种反转与变化是常态。给人口流失的贫困地方送去大笔的金钱，使得当地人丧失正义感，在虚荣和幻梦中出卖灵魂。现实中的玄海町在1996年的一般财政收入是五十四亿日元，加上专项财政收入为十六亿两千二百万日元，合计为七十亿两千二百万日元。人口约七千人（有不断减少的倾向）的地方乡镇坐拥如此巨款，上演各种各样的闹剧，任谁都是可以想象的。父子、兄弟、亲戚、朋友和熟人之间的信赖与友爱被破坏，每个人都疑神疑鬼，成了会嫉妒他人和中伤他人的"跳梁小丑"。"共同体"之称谓便不复存在，金钱让人们的精神变质。挥霍着前所未有的巨款，这种行为麻痹了乡镇行政机构对现实和金钱的正常感觉。无论是政治家、公务员还是普通百姓，都踏上了疯狂的道路而一去不回，这正是日本社会的实际状况。

池田敏春导演的电影《人鱼传说》（1984年）讲述了一个关于复仇的故事。因为反对建核电站，以打鱼为生的丈夫被人杀害，自己也险些被杀的打鱼女子将鱼叉作为武器，在核电站开工纪念仪式上对出席者展开疯狂杀戮。充满了血腥画面的这部电影是对核电站的反抗，但也表现出除了"疯狂"复仇而别无他法的绝望感。

在小说《西海核电站》中，在核电站工作的人、反对核电站而上演着反核话剧的人、害怕核辐射而精神错乱的人、假装是长崎的核爆受害者而有特权的人、加入新兴宗教团体的人，每个人都逐渐地变得不正常，逐渐地失去了正义之心。井上光晴以核电站为题材的小说描绘了一幕幕发生在核电站的人间悲喜剧，表现了核电站让人们变得疯狂的主题。此外，他还创作了《地之众》（1963 年）和《虚构的起重机》（1960 年）等讲述在社会底层人群中显性化的相互歧视与暴力的作品。显然，《西海核电站》是此类作品的"核电站版"。

5. "神之火"消失了吗

我觉得核电站很难成为纯文学作品的主题，更像是描写未来的科幻小说、推理类或幻想类（或许这个说法有点矛盾）的作品的主题。高村薰的《神之火》（1991 年）是一个例子。这是一部以间谍为主人公，讲述拥有核电站的日本、朝鲜、美国、苏联等国的国际政策和政治阴谋的推理小说。

说是间谍，主人公必然和"007"系列电影中的间谍詹姆斯·邦德一样有着英俊的外貌，但并不是那种冷酷的、现实中不存在的形象。主人公是一个父母为日本人却有着绿眼睛的少年，名叫岛田浩二。有传言说岛田是其母亲出轨，与一个谁都不认识的俄罗斯人生下来的。他的专业是核能工学，在核电站做研究员，同时成为了苏联的间谍。确切地说，是他曾经做过间谍。后来，他抽身而出，停止了间谍活动。

岛田浩二有个发小叫日野草介，两个人中一个被传是私生子，一个在邻里间不受欢迎，但都对故乡与家族反感和怀有报复的心理。为了见到一个叫作伊莲娜的俄罗斯女性，岛田浩二在一个叫江口彰彦的人的引导下进入了间谍的世界，在苏联接受了间谍培训。伊莲娜似乎为他生了一个孩子。岛田浩二回到阔别已久的家乡若狭时，见到了日野草介，也认识了受日野草介照顾的一个年轻人高冢良。高冢良有着绿色的眼睛，非常像伊莲娜。他曾参与建设音海核电站的工作，画出了一份详细的核电站平面图。

高冢良曾在切尔诺贝利核电站工作，核泄漏事故发生的时候受到辐射。他作为苏联的间谍被派到日本，带着对核电站的深仇大恨想去破坏音海核电站，但是因辐射病后遗症死了。为了实现朋友未竟的遗望，岛田浩二与日野草介一起去破坏音海核电站，在反应堆达到临界时揭去了反应堆安全盖，使其无法再继续使用。

说实话，《神之火》这部作品，登场人物的背景和思想很不明确。作者到底想说什么，主题和动机都不清楚（并不是出于推理层面上的不清楚）。不得不说作为小说，它是一部不成功的作品。但是，有一点是明确的，"神之火"象征着反应堆达到临界的核裂变反应，而盗"火"的主人公则被比喻为古希腊神话中的普罗米修斯。普罗米修斯为了把属于神的"火种"带给人间，不得不忍受永远被鹰啄食内脏的痛苦。岛田浩二被迫与伊莲娜分离，高冢良又被辐射病折磨致死，这些苦痛都是撕心裂肺的。想要让核电站停止运行，哪怕只有一座也好，让一个反应堆报废也好，为此，他向诸神进行着孤独的（即使还有个共犯日野草介）斗争。

在反对核电站的高昂情绪上，入侵、攻击和占领核电站的行为上，《神之火》与高嶋哲夫的《核电站危机》（1999年刊行，原书名为《Spica——占领核电站》）有许多共同之处。《核电站危机》中也有训练有素的武装恐怖分子占领核电站后向日本政府提出要求，自卫队、武装游击队、反应堆设计师和技术人员等与之进行周旋的令人紧张的情节。

被恐怖分子定为目标的是面向日本海的，所谓的"核电站银座"地区的核电站。这一地区的核电站对外部攻击的防御较弱是为众人所知的。对来自日本海对岸"敌对国"的攻击一直都要小心对待。况且，核电站自身还有可能发生事故，因此面对的还真是"前有狼，后有虎"的状况啊。

不过，在《神之火》中，为了发泄对切尔诺贝利核电站发生的事故的怒火，高冢良和岛田浩二（对于高冢良来说，还有复仇意味）转向了破坏核电站，而在《核电站危机》中亚历山大·巴普洛夫博士的动机则有些不明确。对高冢良、岛田浩二和日野草介来说，音海核电站使他们失去了故乡，由此而产生的强烈复仇心理是可以理解的。而巴普洛夫博士则是在切尔诺贝利事故中失去了妻子和女儿，为了让此类悲剧不再发生，而和恐怖分子密谋占领龙神崎第五核电站。但把龙神崎第五核电

站（虚构的名字，该核电站在小说中被设定位于富山县。实际
上，富山县没有核电站。该核电站的创作原型可能是新潟县的
柏崎刈羽核电站，或是福井县的高滨核电站，抑或是大饭核电
站）定为目标是没有必然性的。巴普洛夫博士说他绝不会让世
界再经历一次那样的惨剧。当然，"那样的惨剧"指的是切尔诺
贝利核泄漏事故，但是，恐怖分子从日本的核电站挟持人质，
向俄罗斯政府提出条件，但是作者将日本的核电站作为恐怖分
子的目标，这点是欠缺说服力的。

　　虽说进行涉及核电站的恐怖主义活动，只要找到合适的目
标，在哪里搞都是一样的，《核电站危机》中就是如此，但我感
觉作品中对登场人物产生反核电站动机的表现和动机的强烈程
度的表现似乎都不够充分（与此相反，《神之火》中的心理描
写、个人情感部分的描写过多，以至于小说的节奏有些拖沓）。

　　高村薰的小说对登场人物的观念、思想和情感的表现十分
重视，而高嶋哲夫由于本人曾是核能研究所的研究员，作为核
能工学的专家，他的作品重点着墨于反应堆的破坏及破坏过程
的描写，对技术性层面的东西兴趣过于浓厚，对人性方面的描
写则有所欠缺。

　　我并不是说高村薰的作品好，高嶋哲夫的作品不好。从可
读性和娱乐性上来说，相比《神之火》中故事情节和登场人物
给人带来的混乱不清之感，情节线索清晰的《核电站危机》则

会让更多的读者喜欢。①

　　这可能源于对待作为"神之火"的核能的立场不同。尽管有危险，尽管会带来危机，尽管无法完全且安心地掌控核能，但最终对核能和核电站还是持有肯定立场。在这样的"神之火"面前，各种混乱的、困惑的"精神"不正是文学该表现的东西吗？造出了自己控制不了的"怪物"的弗兰肯斯坦博士，为了打倒"怪物"而在全世界各地奔波。这种混乱的"精神"正是文学作品的主题。

6. 蜂之一蛰

　　我觉得描写核电站危机的小说中最成功的就是东野圭吾的

---

①高嶋哲夫是曾供职于日本核能研究所的小说家。以之前的职场体验为基础，他写了很多核泄漏、地震和海啸等灾害题材的小说。除《核电站危机》之外，他还写过以东京大地震为主题的小说《M8》(2004 年，集英社)、海啸导致核电站灾害的小说《海啸》(2005 年，集英社)等。另外，我个人认为以核电站和核处理设施为题材的比较好的作品，除了本文中提到的作品外，还有田原总一郎的《核能战争》(1976 年，讲谈社)、内田康夫的《红云传说杀人事件》(1983 年，广济堂出版)、今野敏的《临界　潜入搜查 5》[1994 年，书名改为《霸拳飞龙鬼》(有乐出版社)]、木村让二的《谋略的海域》(1997 年，光人社)、藤林和子的《核电站的天空下》(1999 年，东银座出版社)、沙藤一树的《钚的半月》(2000 年，角川书店)、新井克昌的《放弃日本列岛》(2007 年，文艺春秋企划出版部)、梶尾真治的《壹里岛奇谭》(2010 年，祥传社)等。——原注

《天空之蜂》（1995 年）。这部小说讲的是恐怖分子把核电站作为"人质"，逼迫日本政府让核电站停止运行或废弃的故事。有点开玩笑地说，以 20 世纪 90 年代的人的思考方式看来，反对核电站、脱离核电站的运动，似乎不通过这种激烈手段就无路可走了。

像打鼹鼠游戏里的鼹鼠不停地从地下冒出头一样，新核电站、新反应堆不断地出现。对"电源三法"带来的"恶魔之金"充满渴求的地方自治体染上了建核电站的"毒瘾"，虽然知道上瘾的可怕，但还是控制不住想要染指。"文殊"反应堆重启，青森县六所村再处理工厂和中间贮藏设施工程等也在推进。当然，相对应的反核电站运动也在展开，新潟县卷核电站的新建，石川县的珠洲、高知县的东洋町和北海道的幌延等地的最终处理设施引入建设计划因当地居民的投票和选举等原因被阻止，但是山口县的上关、青森县的大间等地新建核电站的计划还是顺利通过并开始了施工。

在抵抗力相对较弱的福岛、滨冈、玄海和柏崎的刈羽等核电站，钚热发电也在逐渐导入。进入 2000 年之后，"核能复兴"的声浪高涨，卑劣的政策宣传鼓吹为了应对全球变暖，应该使用核能这样的绿色能源；2005 年发表了《核能政策大纲》，包括日本核电站的海外输出等政策，让核电站的建设进一步扩大。完成"梦"想中的高速反应堆，实现核燃料循环，"推进核电站建设"成为了国家的基本政策，这是在自民党和公明党联合执政时决定的。经过政权交替，到了民主党执政的时候也没有变化，而是更加大力推进，一直到2011年3月11日下午两点四十六分①。

《神之火》《核电站危机》和《天空之蜂》就是在这样的"反核电站""脱离核电站"运动的低潮期中被创作出来的［此外还有长井彬的《反应堆之蟹》（1981年）、生田直亲的《东海村核电站杀人事件》（1983年）、森村诚一的《死之器》（1981年）、渥美饶儿的《日本症候群》（2001年）、石黑耀的《震灾列岛》（2004年）、真山仁的《北京》（2008年）等核电站题材的推理小说］。虽然核电站事故层出不穷，但总是被人大事化小或隐瞒不报，强化核电站的"安全神话"，不是使现状"安全"，而是通过欺骗隐瞒达到心理上的"安心"，这就是"核能集团"惯用的手段。上述小说的共通点就是表现这一主题。

可以说，《天空之蜂》是给上述这种夜郎自大的想法予以狠狠"蜂之一蜇"的作品。小说中，在制造反应堆的公司工作的三岛与一名叫杂贺的男子不期而遇。杂贺预谋劫持自卫队准备购入的大型无人远距离遥控直升机。三岛知道了这个计划后自己也动了脑筋，他想把直升机开到自己工作的快中子反应堆"新阳"（暗指"文殊"反应堆）上方令其悬停，逼迫日本政府停止运用并废弃全国的核能反应堆，否则就让在"新阳"上空

---

①此日期为福岛核电站发生事故的日期。

的直升机坠落。

不料，按计划到手的直升机中躲进了一个淘气的九岁男孩。这种戏剧性冲突推进了故事的发展，增强了气氛。这条故事支线表现了自卫队特殊部队的出场，不过和主线内容并没有直接的关系（不过，从"救救孩子"这个主题上来说，和主线内容是紧密相关的）。

三岛与杂贺的动机不同。杂贺是参与了谋划军事政变而被自卫队开除的自卫队前军官，他的动机是替核电站爆炸致死的一个青年打抱不平。三岛则是因为自己在核电站工作时上小学五年级的儿子在学校遭到欺凌后自杀，从而使他产生了让全国核电站停止运行的动机。不过，这两个人的动机，都存在着不可理解性和跳跃性。在《神之火》和《核电站危机》中，为死去的人复仇的主题非常明确，但《天空之蜂》中的复仇、恐怖活动的元素很少，这从恐怖分子从"天空之蜂"——直升机中送去的恐吓信的内容就可窥见其一斑：

　　此次的行动是我们的忠告。

　　我们不能让沉默的人们忘记核反应堆的存在。不能假装不在乎它的存在。一定要清醒地认识到它随时在你我身边，必须认真考虑这意味着什么。然后，你们必须要选择何去何从。

可以说，这在某种意义上是对民众进行了一次"核反应堆的危险性"的"启蒙"，是促进在核能利用上进行全民投票的政策化问题的考虑。核电站是危险的，没有选择的余地，必须废止。从这样的反核电、脱离核电站的思想立场上看，无疑是带着些许温度的，有如同被蜜蜂蜇一下的刺激（当然，遭了蜜蜂致命一蜇而伤重致死的可能性也不能说完全没有）。总之，作者设定了广阔的、缜密的、复杂的背景舞台，却对登场人物"动机"的设定不充分，缺乏说服读者的力量。但是，反言之，这种模糊，且不充分的动机，可能反而显得小说的整体设定更具有现实性。

前文中提到的《神之火》和《核电站危机》，小说中的人物对核电站的憎恶与复仇心促成了恐怖活动的发生，但从恐怖攻击具体选定在了日本的核电站这一点上来看，不能不说也是一种精神和情感上的跳跃。《天空之蜂》在这一点上的模糊处理可以说是更具有现实性的。作者确实把握住了鲁迅《狂人日记》的最后一句"救救孩子"这一主题。核辐射的危害不是对"个人"的，而是对"种群"的，即这种危害将代代相传，最终是人类的"种"将会灭绝。从这个意义上看，《天空之蜂》把握住了核电站问题的核心。不过，小说中有一点值得商榷。恐怖分子的一个迫切要求是停止运行全国的核电站反应堆，除了悬停着的直升机下方的核电站快中子反应堆。其实不管停止运行与否，直升机坠落下去造成爆炸的毁灭程度几乎是没什么区别的。果然，作者自己也深陷于"安全神话"的骗局中，相信只要核裂变停止，反应堆就是安全的。事实上，作为快中子反应堆冷却剂的金属钠的爆炸及火灾事故，难道不是最危险的吗？

7. 青炎神话

在幻想小说中也有描写核电站事故的作品，比如广濑赐代的小说《夜的神话》（1993年）。虽然我并不看好集科学技术之大成的核电站与幻想小说的结合，但正如前文提到的高村薰的作品把反应堆的燃烧称为"神之火"一样，对原子物理学、科学技术、工学和建筑学的极致追求本身就有点类似于去往宗教和幻想的世界吧。

举一个身边发生的普通例子，无论哪座日本的核电站在动工之前，都要找来神职人员做土地神祭祀。在《夜的神话》中，即使是有着各种各样计算器、仪表和计算机的中央控制室，即那种出现在科幻小说中布满控制按钮和开关的控制室，也在天井的一角设置供奉神龛的区域。作者在小说的结语中写道："核电站被辐射劳动者救济中心的平井宪夫给我提供了非常宝贵的启示。"平井宪夫是有着在核电站工作的经验的，可以推测出他告诉了作者一些核电站内部的情况，所以我们也可以相信在核电站的管理室或控制室中是真的存在神龛。① 在福岛核事故发生后，当被询问到何时能做好善后工作时，相关政府人员的回答是"只有神知道"，这十分令人不快。但是，超越了科学边界的部分真的可能就是神（宗教）的领域了（在石黑耀的《震灾列岛》中，描写滨冈核电站的中央控制室中也有神龛。虽然这是一部小说，但可以考虑作者也是以事实为依据进行描写的）。

在《夜的神话》中，小学六年级的铃木正道从大城市搬家到了农村的祖母家，也就转学到了农村的小学。他对此非常不满，因为他的理想是通过参加城市的各种补习班与同学们切磋，然后提高成绩进入一流的初中、高中和大学，然后成为像父母一样的在核电站工作的人。到了这种乡村小学就不可能实现这样的梦想了。

放学回家的路上，铃木正道骑自行车轧死了一只青蛙，他拒绝了表姐朝子为青蛙做一个墓的提议。之后的某一天，铃木正道晃晃悠悠地走在回家的路上时，在神社前面碰到了一个奇

---

① 平井宪夫作为管道专家，在核电站中工作了二十年。后来，他创立了核电站被辐射劳动者救济中心。这个组织是专门呼吁对在核电站中进行危险作业而遭辐射的下层劳动者进行救济而成立的。这些劳动者被称为"核电站吉卜赛人"，工作得不到保障，付出劳动后就被随意开除。平井宪夫去世后，这个组织就被解散了。平井宪夫在遗作《希望你们知道核电站是什么东西》中从现场劳动者的视点出发阐述了核电站的危险性，表达了废止核电站的想法(该文可以在网上阅读到)。——原注

怪的哥哥（从小说后文的内容可知这个人是月神），得到了一个红白色馒头。尽管铃木正道不想吃，但还是吃了下去。他觉得馒头有毒，当感觉自己就要死去的时候，听到家神米原君说这个馒头既是毒也是药，是视食用者的内心而定的。这是对铃木杀死青蛙却没有好好将其埋葬的惩罚。铃木正道通过这药变得能听懂动物与植物的语言了。

回家之后，爸爸告诉铃木正道有客人要来，是一起在核电站工作的须贺清。须贺清经常陪铃木正道一起玩，听说他要来，铃木正道非常高兴地期盼着，但却没想到下车来访的须贺清脸色非常差，健康状况也很糟糕，因为他在工作时受到了辐射。铃木正道为了治好须贺清，决心去月神那里买药。他和月兔交换了身体，然后被带到了月亮上。后来，在反应堆快要爆炸的时候，为了帮助在核电站中的父亲与须贺清，他又回到了地球。

　　疯狂燃烧的青色火焰，那令人恐惧的力量将厚厚的混凝土防护壁吹散了，狂暴的热气、辐射袭击着、吞噬着、消灭着周围的一切。

　　这一切，不是想象，我真真切切地看到了。

　　爆炸……火光……地狱的红莲之火……蘑菇云……然后是人类的眼睛所不能看见的，却毫不容情地大范围烧灼着的青炎……无声无味，让所有的生命体都燃烧起来并枯萎了，这个叫作辐射的青炎……乘风宿水……悄无声息，

却十分持久……被它附着上的生命都变得虚弱、衰竭，很

快就……

　　随着反应堆爆炸而来的就是辐射的泄漏。作者写的是幻想
小说中一个其想象的景象，但是福岛核泄漏事件之后，这种景
象作为现实出现在了我们的眼前，这是谁也不能否认的。在这
部小说中，通过父亲和须贺清、月神、家神和变为月兔的铃木
正道等人的努力，终于防止了反应堆的爆炸。但是，须贺清进
入了反应堆内部进行操作，这种危险的作业使得他暴露于数百
希沃特①的辐射中，死是必然的。

　　描写核电站的小说似乎理所当然都在结尾得以善终，即对
反应堆的堆芯熔毁、大爆炸等终极悲剧做出了回避。不过，也
有像作家生田直亲的《核电站 日本灭绝》（1988 年）那样的
以"灭绝"为主题的描写核电站的小说。这部小说虚构了日本
东海第二核电站发生了反应堆爆炸，以总理大臣为首的各位内
阁官员和高级官僚对茨城县和东京都的居民没有透露一点真相，
自己却乘着自卫队的直升机到札幌避难。结果是除这些人之外
的其他人都"灭绝"了。

　　同样是幻想小说，《夜的神话》有着特别之处。高嵨哲夫等
人的小说一边描写了核电站的危险性和危机感，一边写最后通

---

①希沃特,辐射剂量的一种单位,英文名为"Sievert"。——编者注

过主人公的努力和牺牲，或者其他偶然原因使得危机没有发生。在最终意义上可以看作是对核电站的容忍，或许可以说这是核电站相关小说中的一种类型。

在《夜的神话》中，虽然也写了通过日本古代神仙的帮助从而挽救了核电站，但最终阻止爆炸的是须贺清的自我牺牲。这表现了推进、运营核电站的当事者的赎罪意识（铃木正道的父亲也是如此，他在事故后从核电站辞职了）。

民俗学者赤坂宪雄有感于包括造成福岛核事故的大地震灾害，其撰写了《海之彼端的来客，汝何名未晓也》（《群像》，2011 年 5 月号）的文章，文章中提到了《哥斯拉》和《风之谷》等影视作品，认为它们"令人想起献祭的主题"。他分析认为在哥斯拉最初登陆的假想之地——大户岛，有一个民间传说，其内容为"为了平息哥斯拉的愤怒，要将年轻姑娘当作贡品献祭"。另外，发明了"氧气破坏素"最终杀死哥斯拉，且自己也死去的芹泽博士，简直就是像"人体鱼雷"或"神风"敢死队队员一样把生命献给哥斯拉。在《风之谷》中，阻止统治"腐海"的"王虫"如同海啸一般大批入侵"风之谷"的就是一个年轻姑娘，而且如同自我献祭一般，平息着"王虫"的怒气从而守护了风之谷。

按照这种想法再推演一下，《摩斯拉》中的双胞胎小美人也可以认为是向摩斯拉献上的"活祭品"（只不过没有被吃掉）。

所以，把怪兽王者基多拉看作是把节名田比卖①当作活祭品的八岐大蛇的分身也并不是没道理的。哥斯拉、玛坦戈、液体人都是如此，且只是原子弹、氢弹和辐射的献祭品（活祭品）。

从这样的角度看，《夜的神话》可以说是有着仪式性的（神话）故事的构造。通过把须贺清作为"活祭品"，从而平息核电站这个"毁灭亡神"的"愤怒"。虽然反应堆在到达临界时喷出的"青炎"（切连科夫辐射②的青色光芒）和古代文献中记载的太阳神天照大神发出的太阳光可能在本质上是相同的，但与红色且明亮的太阳光相比，其更像是青白色的月（月神）光。在《夜的神话》的情节中，天照大神和素盏鸣尊都没有登场，只有月神频频出现。这意味着，核电站中的光不具有白天那明亮的太阳光的安全性，而是隐藏起来的"月神之国"的不安全的光。

---

①节名田比卖，在《古事记》和《日本书纪》中出现的神话人物，相传天照大神弟弟素盏鸣尊被放逐到出云国时遇到了节名田比卖的父母在啼哭，其父母说自己八个女儿，但一个个每年都被当作祭品而被八岐大蛇吞掉，如今只剩小女儿节名田比卖了。素盏鸣尊听说便去斩杀了八岐大蛇。

②切连科夫辐射，指高速荷电粒子在介质穿行时，粒子速度大于介质而产生的一种特殊光辐射。1934年，该辐射首先由苏联物理学家切连科夫发现，因而得名。——编者注

8. 要谁成为"献祭品"

然而，为什么核能需要献上活祭品，需要这些作为献祭品的小羊呢？因为核能是超越人类的认知和能力的巨大能量。人类无法轻松地控制和抵御这种能量。一旦失控，就只会造成原子弹爆炸或核电站爆炸，给人类带来巨大的危害。对哥斯拉、"王虫"、核反应堆这种特殊的存在，人类只能献上活祭品来防止其失控。只能通过非人力的、带有神话性质的办法来解决。

核电站的"安全神话"正如上述内容一样。核电站有"五重防护壁"，设计的时候就多做了"三倍的安全措施"①。核电站是"绝对安全"的，所以不可能出现大事故。因此也就没有设想应对重大事故的对策。这就是"核能集团"所具有的吓人且僵化的思维模式。其宣扬着"安全，安全"便认为能达到真正"安全"的这一咒术式"言灵信仰"② 也出现在这个集近代

---

① "五重防护壁"，指的是燃料棒包覆层、燃料包壳、反应堆压力槽、反应堆安全壳和建筑物外壳。核电站管理者认为这样能确保绝对安全，但在福岛核泄漏事件中，五层防护壁都被破坏，辐射泄漏。"三倍的安全设计"，指的是比法律规定的安全数值还要高的安全设计。但是，这种规定到底妥当与否尚值得商榷。而且，成品是否达到了设计时候的安全数值，只有到坏了的时候才能检验了。——原注

② 言灵信仰，日本古代的一种民间信仰。古代日本人认为语言是有灵魂的，具有支配其他事物的力量。

科学技术之大成的核能世界之中。如果真的这么"安全"，那为什么核电站都建在人迹稀少的海岸地带呢？难道不是应该在更需要电力的大都市的中心引导建立核电站。提出以上这个说法的就是挑战了核电站推进派的广濑隆的著作《把核电站建在东京！》。

在包括许多核电站推进派与核电站反对派人士所写的书中，这本书的读者最多，卖得最好。1981 年出版了第一版，1986 年出版了修订版，是促成出现"广濑隆现象"的畅销书。1986 年是切尔诺贝利事故发生的年份，全世界都深刻认识到了核辐射的危险，则更促使了这本书的畅销。核事故的爆发就像是对观念上的、抽象的反核运动进行嘲弄一般，威力远远大过了所有的联名运动和反核示威等活动。

但是，日本的核电站相关者（"核能集团"的人）毫无悔改之意。他们认为苏联和日本（美国型）的反应堆构造不同，在日本绝对不会发生如切尔诺贝利般的核泄漏事故。他们反复强调苏联是有着"落后的技术"和不负责任的"管理与安全保障"的国家，就是这些特有的原因导致了事故，而这在日本是不会发生的（福岛核泄漏事故的时候，他们唯恐破坏"安全神话"，宣称是 5 级核事故。然而，事故的情况不容乐观，成了与切尔诺贝利同样的，甚至超过切尔诺贝利事故的 7 级核事故①）。

在日本长期以来酝酿的"反苏、仇苏"情绪也在情感上发挥了作用，于是"苏联核电站特殊论"在一定程度上收到了效果。与比基尼环礁核试验事件一样，切尔诺贝利离日本很远，不会很快在我们身边降下危险。

如果日本的核电站真那么安全，就不要建在东京以外的福岛县和福井县，而是要建在东京啊。广濑隆等反核电站派作者的主张在《把核电站建在东京！》中，以反向思考的假设为前提提了出来。

为什么核电站、核燃料再处理设施都要放在偏僻的地区呢？首先就是因为它存在危险，不能放在人口密集，集中了国家重要机关、交通枢纽的大都市中。其次是要考虑地价、水利设施和一定范围面积的土地的问题。核电站相关者都是清楚核电站的危害性的，他们嘴里说着"绝对安全"，而实际上心里十分清楚核电站是多么危险。

但是，"国家"说了这个安全，那就是安全的，绝不能"犯上"的这种奴性还残留在国民意识中。《把核电站建在东京！》这本书就是用"把核电站建在东京"这一"核电站推进

---

① 国际原子能机构和经济合作与发展组织的原子能机构制定了国际核事故分级表。最高等级核事故为 7 级（特大事故），目前为止发生过的 7 级核事故为切尔诺贝利事故与福岛核事故。

理论"的假设向那些坚持国家主义的人和唯唯诺诺宣扬"安全神话"的人提出了挑战。

一向毫无责任感、爱乱说话的时任东京都知事石原慎太郎对这个提议的回答是在东京建核电站也不错。当然,这是比"在东京开奥运会"这一说法更加无凭无据的言论,但这个愚蠢的知事却认为这是对敌对者做出的完美回答而自鸣得意。这种愚钝也是让石原慎太郎这样的极端右翼分子能登上东京都知事这种"裸体皇帝"① 之位的最大原因。

《把核电站建在东京!》中的主张还有另外一层意思。在东京这个特大城市里维持极为耗电的生活是以核电站所在地区民众的牺牲为基础的。这本书是对这种"内疚"的挑战。吹凉爽的空调,吃温室栽培的反季节的水果,看大屏幕液晶电视,用有温水洗净装置的抽水马桶,开电动汽车。这样的生活,与其说是个人的想法和需求,毋宁说是以电力公司为代表的社会组织强加到个人生活之中的。

当然,适应个人生活方式,提供更安全且廉价的电力是电力公司的本职工作和企业义务(如果做不到这一点,那么作为资本主义社会中的企业就会被淘汰。如果无论如何都不行的话,

---

① "裸体皇帝",指丹麦童话作家安徒生创作的《皇帝的新装》中的皇帝。童话中皇帝被骗裸体出游,却自认为身着华丽之服,只有聪明之人才能看见其所穿的衣服,最终被一个小孩揭露真相。——编者注

我们把这样的用电方式进行部分减少就可以了）。把生活在核电站所在地区的人们置于危险中，让他们过着不安的生活的原因，并不是都市的人们毫不吝惜地用电。把"核电站吉卜赛人"（这个词语出自堀江邦夫的《核电站吉卜赛人》）这样的核电站中的底层劳动者置于辐射的危险之中，让他们承受着辐射病的痛苦且不得不因为贫穷而继续工作的原因，并不是因为都市中的人们要过锦衣玉食的优越生活。我们和我们的社会本来并没有对核能发电牺牲者的要求。那些通过核能产业和核能商业得到利益的"核能黑手党"催生出了这些牺牲者，然后把这些"恶"转嫁给了消费电力的人。制造了核能与核电站的献祭品的，是需要这些献上活祭品的拙劣科学技术的。对此十分执着的"核能黑手党"歪曲事实、混淆视听，让我们不断地做出为了满足这些怪物的欲望而献上祭品的愚蠢行为。

9. 名为"核电站吉卜赛人"的生祭

前文中提到的堀江邦夫的《核电站吉卜赛人》（1979年）在"核电站文学史（文化史）"上具有极大的价值。如同眼看不到、鼻嗅不到、耳听不到、手触不到、皮肤感觉不到的辐射一般，在核电站从事底层劳动而被称作"核电站吉卜赛人"或"核电站候鸟"的人们在战后日本社会中完全是隐形的。这本书就描写了这些被忽略的如同影子一样存在的人。

在核电站的社会史上，推进核能从而结党营私获得收益的"核能集团""核能黑手党"，与站在其对立面的反对核电站、主张脱离核电站的反对派是对比鲜明的两种存在。当然，"推进派"有着巨大的人脉关系网、金钱和宣传力，还有着抑制"反对派"的暴力机器。这种对立并不是一部分所谓的"中立"评论家所标榜的势均力敌的对立，而是非对称的斗争与角逐，即"推进派"占有压倒性的优势，是十分有力的（忽视这一点的话，就会催生出要让"推进派"和"反对派"均等承担核电站事故责任这一奇妙的"故意为之"理论。而这一理论无疑是虚假的）。

核电站与台面上的"安全神话"是完全相反的，是必须通过危险的脏兮兮的（被核辐射污染的）底层劳动者的维持而运转的。这是十分明确的。然而，这样的核电站下层劳动者的实际情况与他们的存在本身都被巧妙地隐藏了。《核电站吉卜赛人》揭下了这块遮羞布，现在看来是再正确不过的事。然而，作为纪实文学，这部作品却并没能得到很高的评价，没能被争相传阅，也没能获得与芥川奖、直木奖相媲美的大宅壮一纪实文学奖（连提名的资格都没有），作者也没有被列入优秀的纪实文学作家之列。因为作者堀江邦夫没能得到主流媒体的评价，所以没能如立花隆、泽木耕太郎等作家一样成为人气作家。① 这不是作家资质的问题，而是《核电站吉卜赛人》这本书是潜入型、突击性的纪实作品，从被打击的一方来看，这是"卑劣的偷袭"。以前，镰田慧作为计时工进入丰田汽车工厂，"绝望的笔触"把悲惨的劳动现场记录下来，从而写成的新闻纪实作品《绝望汽车工厂》（1973 年），造成对丰田汽车公司的冲击。一直被遮盖的计时工的恶劣的劳动现场被披露，丰田汽车公司受到了来自社会各界的指责，最终不得不改善工人的劳动条件和工厂的劳动环境。

当然，《绝望汽车工厂》也受到了很多批判。隐藏意图、偷偷采访是违反记者职业道德的，同时也违反了企业的就业规则。这样的纪实文学采访方式并非正道，类似这样的批判从纪实文学界内部不断出现（也正因如此，该书也没能获得大宅壮一纪实文学奖）。

《核电站吉卜赛人》的情况也一样。不过，虽然《绝望汽车工厂》中描写的是超大型工厂，但也只是揭发了丰田一家公司的劳动环境问题。揭发核电站的问题则是在与核能商业有关的政界、商界、学术界的所有人为敌，简单想想就能明白会受

到多少的反对与压制。作者在该书文库本①的"后记"中表示，这本书出版之后，电力公司的人为了打探书中出场人物的名字而"急红了眼"。这种情况是作者从之前的熟人那里听到的。这段记述一方面加强了这本书内容的可信度，另一方面也可由此推测出"无意中"为这本书提供了"帮助"的那些人承受了多么大的压力。我们也可以想象得出作者为了收集信息使用过各种各样的方法（可谓"不择手段"）。

与池田敏春导演的《人鱼传说》（1984年）、森崎东导演的《及时行乐死了拉倒党宣言》（1985年）等以核电站为主题的电影中所表现的一样，黑社会人士、坏警察、暴力组织成员、杀手被雇用来清除反核电站派居民和其支持者制造的"麻烦"。为了清除"麻烦"，甚至不择手段。如果认为这只是电影中的情节，那可就太单纯、幼稚了。现实中，"文殊"反应堆的钠蒸气泄漏造成火灾事故时，反对派人士指责电力公司内部人员把事故现场拍摄的影像资料藏匿了起来，此后就发生了可疑的高空坠楼自杀事件。家属认为这是杀人事件，进行上诉，但电力公司和政府官员则认定其为自杀事件而草草处理。"核电站黑手党"平时"配备"着黑社会人士、暴力组织成员和非法包工头这类的"暴力机器"，一有事就派他们出动。本来，在核电站工作本身就是一种缓慢的"杀人"事件，实在是令人无可奈何。

①文库本，指日本一种小开本的图书形态，多平装且便于携带。——编者注

昨天还一起玩麻将。今天没来，以为他休息了，实际是死了。这种情况实际上是很多的。怎么说呢……控制阀门的人死得比较多……我这不管阀门，只管电，但工作也很艰苦啊。

这是《核电站吉卜赛人》中的一个"吉卜赛人"所说的话。工人在核电站内死了的话，尸体会神不知鬼不觉地被处理掉，类似这样的传言非常多，比如尸体会和带有辐射的废弃物一起密封在金属罐里，并在深夜被投进大海。《及时行乐死了拉倒党宣言》中就有这样的内容：从釜崎等计时工聚集的地方有许多底层劳动者被带到核电站工作，雇主预先就想到核电站可能会发生事故，因此主要雇用那些居无定所且身份不明的男人来工作。就是这样每天把出现"献祭者"作为前提，核电站才被建设、运行起来的。

10. 叫作核电站的密室

以前，我从旅途中偶遇的人那里听到过水坝建设现场的事情。建设能够产生数万千瓦电力的水电大坝时，根据千瓦数来折算工人人数，事前已经把工地事故的死者人数算好了，据此来统计初级建设费用。"如果最后出事的数字少于预算，那就是工地监理的业绩。"这位在各地的大坝现场工作过的技术员对我淡然地描述着。没有事故或没有出现死亡是不可能的，经营者和监督者也肯定事前都考虑到了这些，这就是资本主义商业社会理所当然的严酷逻辑。

但是，核电站的情况还有所不同。和《核电站吉卜赛人》一样，描述核电站内底层劳动者实际状况的作品——森江信的《反应堆辐射日记》（1979 年）中有这样的记载：

> 他们的工作就是操纵阀门。阀门都在地下的污染区，要进入污染区必须换上防护服。对电力公司的操作员来说，事无巨细都做到是非常麻烦的，有专门操作的人就会省很多事，也能减少自身被辐射的程度……尽管只做这样的操作，被分配到一号机组也会遭受到严重的辐射。废弃的建筑物地下的阀门附近的辐射量有时可以达到数伦琴每小时。尽管向东京电力公司提出过改善的要求，但并没有什么变化。说穿了，操作阀门的人就是替电力公司的职员挡辐射的"辐射专员"。

记录下这段话、揭发福岛第一核电站劳动情况的作者，和偷偷潜入核电站报道的堀江邦夫不同（是核电站外包的清扫公司的正式职员）。他是外包公司（层层外包，再次外包的公司）的"辐射专员"。为了让电力公司和核电站厂商的正式职员减少受辐射程度，他被分配到核电站现场进行除污、检测和故障维修等又脏又危险的体力劳动。

从非人道的雇用形式上看，他们和修水坝的"事故专员"相同，但核电站的"辐射专员"还有不同之处。首先，修水坝时谁会出事故是不确定的，但核电站却是"确定的"，劳动者之间是有着极大"阶层差别"的。其次，修水坝的时候，无论是企业一方还是劳动者一方，在尽可能减少事故发生这一点上有着共同的态度。但在维护和运营核电站的时候，电力公司（此处指东京电力公司）并没有做出类似的努力。更进一步说，如果没有"愿意"被辐射的劳动者，核能发电就难以为继。事故的发生是有着必然性的。用过的核燃料无法进行最终处理，被辐射的情况也不可能完全排除，对环境造成极大危害的核电站在地震多发的日本不可能停止运转，这种逻辑从本质上说是有破绽的。依靠每天不间断释放辐射的核电站来制造电力的原因，就是因为涉及"核能集团"、"核能黑手党"自身的利益，而这和日本国民的利益毫无关系。

奥秀太郎执导的电影 USB（2009 年）描述的是在医院里进行人体辐射实验的男女打工者的故事。根据被辐射的程度，他们会得到金钱补偿。这自然可以说是没有前途的工种，和在核电站当"辐射专员"的"核电站吉卜赛人"并没有什么本质的区别。

向反应堆这样的"破坏之神"献上"辐射专员"这样的

"活祭品",为什么我们要迎合这种荒谬的"信仰"呢？长井彬的长篇小说《反应堆之蟹》①（1981年）是获得第二十七届江户川乱步奖的作品，是该作者被视为推理小说作家的出道作品。但据我所说，这是以核电站作为小说主题的最早作品。

这是发生在核电站这个只有单个出入口、没有窗户的真正的密室杀人事件。参照《咔嚓咔嚓山》来看，为了给被猴子欺负的螃蟹报仇，卑鄙的猴子（暗喻"核能黑手党"）被栗子烫，被蜜蜂蜇，最后终于被石臼压死。② 自然，小说中的密室空间在核电站中，被害者被封闭其中，尸体被密封的诡计很有深意。更重要的是，它表现了核电站可能最初就是被作为杀人的密室而建造的。小说强调了核电站相关者把辐射"密闭"其中，我认为实际上表现的是同核电站相关的一切"信息"都被封锁了，各种相关讨论和争论都被"密室化"，让人无法弄清事实

---

① 新星出版社在2013年8月出版了此书中文版，书名为《核与蟹》。
② 《咔嚓咔嚓山》，是日本童话，讲的是一对老夫妻以耕出为生，老公公放了经常偷自家东西的狸，但狸杀死了老婆婆并将她煮成了肉汁。和老夫妻交好的兔子为了报仇就欺骗狸跟着自己走。兔子带着打火石，翻山时发出咔嚓咔嚓的响声，狸好奇这是什么声音，兔子回答说此山名为咔嚓咔嚓山，有咔嚓咔嚓鸣叫的鸟，因此会有这样的声音。此后兔子用火烧狸，又给它伤口涂敷味噌使其疼痛不已，最后将其溺死海中，终于复仇成功。《猴子和螃蟹》也是日本童话。主要内容为骗螃蟹种柿子的猴子拿走了柿子并打伤螃蟹。螃蟹的朋友栗子、蜜蜂和石臼一起为螃蟹复仇。上述两则童话都是复仇主题。疑作者误将此两则童话内容混淆。

真相。

核电站都设置在离居住区十分遥远的海岬或海湾内。这样普通人就不会靠近它，核电站里无论发生了什么，都被厚厚的钢筋混凝土墙壁遮蔽，隐藏在了结实的容器中，是人们所看不到的。因此，每天在那里上演着劳动者"被辐射致死"的杀人事件，在警察和记者都进不去的"密室"中被处理了，似乎什么也没发生一样被掩盖了。这并不是空想，而是在现实中实际发生的杀人事件。

11. 东京第一核电站

《东京原子能发电所》（山川元导演，2004 年）是根据广濑隆《把核电站建在东京!》中的设想而制作的电影。它是由演员役所广司扮演的东京都知事天马俊太郎提议把核电站建在东京为矛盾的开始，以东京都厅的各个官员的表现为内容的喜剧电影。东京都知事天马俊太郎突然召开会议，声明要在东京建核电站。慌乱的各个官员急忙问："到底建在哪里?"知事指向了会议室的大玻璃外面，而这间会议室就在东京都厅最上层的会议室，外面正是新宿西口的中央公园。

读过《把核电站建在东京!》这本书的人应该都还记得，广濑隆列出了好几处在东京可以建核电站的地方，其中连建设图纸都画出来了的地方就是在东京都厅的正对面的新宿西口中央公园。如果只是反应堆室和涡轮发动机房，再加上中央控制室这种程度的小规模核电站，新宿西口的中央公园的面积足够了。而且一旦出现情况，设在东京都厅的应急处理总部很快就能应对。发生福岛核事故的时候，在当地的应急处理总部和设在东京的东京电力总公司的应急处理总部之间距离太远，使总公司鞭长莫及。在东京建核电站就不存在这种远距离指挥的问题了。在东京都厅建立总部唯一的问题就是逃离现场的避难区的区域太小而已。

东京都知事召开的会议的出席者，由演员岸部一德饰演的没有主见的财务局长，演员吉田日出子饰演的对一切漠不关心的环境局长，演员平田满饰演的只会记笔记、整理他人的发言资料且自己没有一点主见的产业劳动局长等人。演技优秀的演员们演出了每个官员各自的性格。

苦于财政赤字和财源不足的地方自治体可以通过建核电站，利用"电源三法"，通过相应的发电量而领取巨额补助金（虽然是电力公司同政府缴纳税款，但它也通过电费涨价来获得更多利润）。此外，建核电站的地区也能通过收取固定资产税而获得丰厚的收益。核电站的相关工作，包括外包企业的工作等可以促进就业，最重要的是可以毫无顾忌地用电，不用再担心远距离输电造成的输电损耗，新宿、银座、池袋、涩谷等繁华街区的霓虹灯可以彻夜通明，不用担心停电。当然，核电站的安全性由电力公司和政府的核能安全委员会、核能安全与保安院等组织全力保证，不会有问题。电影中，缺少决断能力的东京都议会，和这位知事的选民支持率相比毫无意义。虽然，参加会议的人都对知事的提议表示震惊，但最终都奉行投机主义，一团和气地赞同引入核电站的意见。

因为知事独断专行般的决断力，迎合知事意见的参会官员，后来却听取了副知事的意见，每个人都去听了东京大学教授、反核电站派的榎本的讲座。虽然榎本教授的讲座对于反核电站派的人来说都是入门知识，但对这些从来没关心过核电站，也没兴趣关心的人来说却显得非常新鲜且带有冲击性。没有核电站也不会停电，所谓清洁能源完全是谎言，"安全"只能说是一种言灵信仰，"核燃料循环利用"这样的空想必须立即停止。榎木教授对这些人进行了核知识的启蒙。

然而，我认为这部电影也传递给了观众一个错误的信息，即大城市中的人们在"强制核电站地区的人们做出牺牲"。电影中，东京都知事天马俊太郎想要在东京的中心地带新宿中央公园建核电站的理由是，这是一个让那些地方民众承担风险而在东京用电过着奢侈生活的市民们觉醒的方式。核电站就在我们身边，就在我们的地盘上，离我们如此近，人们才会真正首次感觉到这是关系到自己的问题。在核电站所在区域居住的民众的不安和绝望，是作为电力消费者的东京市民无法体会与想象的。

尽管如此，把谁都嫌弃的核电站这种麻烦之物引入东京，从而减轻地方上核电站所在地区民众的负担，这种办法从根本上就是错误的。最简单的解决办法则是考虑不依赖核能的发电方法，即"脱离核电站"。发电的方法有很多，从成本、对环境的危害、持续发展的可能性、回收处理和对社会的风险上来说，核能发电是特别糟糕的选择。这是非常明确的。

如同前文反复提到的，制定含有必须有人做出牺牲的这种意图的能源政策从根本上而言就是错的。在电影《东京原子能发电所》中，天马俊太郎置生命于不顾，一个人去挑战移除钚元素密闭容器上的装置。这种个人英雄式的思考方式本身就是有问题的。过度美化那些为了防止核电站事故，明知会遭受辐射，却依然赴汤蹈火的人，把他们的事迹传为美谈，这和美化太平洋战争后期的"神风"敢死队队员是一样的。后者会掩盖战争的罪恶性、战争责任与战争犯罪。这种掩盖犯罪的事情发生在我们的历史进程中，我们不应该忘记。

在广岛、长崎落下的原子弹造成当地出现了为数众多的牺牲者。如果说有幸活到战后的人们的生活，以及之后日本社会的经济繁荣都是建立在这些死难者的牺牲之上，只看到这些牺牲的话，就是掩盖引发战争、原子弹爆炸之人的责任。确实，在数十万日本人死后，战争结束了。然而除日本之外，数千万人在战争中死亡。这数千万的死难者，也是由日本所引起的那场战争的牺牲者。我们能说，是以这些人的死亡为基础，使日本社会得到了经济复兴，迎来了和平吗？

当然不能。他们不是我们的战后和平与繁荣的牺牲品。他们只是他们自己，绝不是日本和日本人的牺牲品。核能也是一样的，原子弹爆炸的死难者，被原子弹、氢弹试验辐射的遇难者，被核电站事故辐射的受害者是痛苦的。但是，认为是他们做出牺牲，从而让我们享受到了核能发电所点亮的灯光，这种想法是不能有的，也是不该有的。只为了一些电能，我们不该要求任何人牺牲。

电影《东京原子能发电所》中，在东京都知事成为"英雄"的那一刻，即显露了作品的局限性。如果是天灾的话，尚有情可原，但作为人祸的核电站事故，即便可以先不追究知事本人的责任，而是表彰其及时采取措施的行为，也必须在此之前先搞清核电站灾害和核能事故的详细内容，拿出对策、预案以及后续的计划。在电影作品中，核能安全委员会的成员松冈哲朗那马虎的样子或许能让我们捧腹大笑，但是轻率地决定移送钚的行为，毋宁说就是现实世界的写照。如果没有这样的事情，"英雄"和用于"献祭"的祭品根本就不必要。

所有的被辐射者都没有必要成为"活祭品"。神之事归神，人之事归人，我们必须把赎罪和责任的界限分清楚。无论是原子弹还是核电站，如果没有"人为制造"，就根本不会有令人恐怖的辐射扩散了。

明明白白地说，只有一点。那就是希望原子弹和核电站从这个世界上消失。不要让"核时代"的死难者人数继续增加了。

对于这个提议，我相信，哥斯拉、阿童木、娜乌西卡和阿基拉一定也都会点头称是的。

后 记

我是在 2011 年 3 月 11 日后开始写这本书的，大约是在 5 月中旬脱稿，写了大约两个月。不过，在 2011 年 3 月 11 日后的一个月时间之内，我还写了另一本在现代书馆出版的《福岛核电站人祸记》，所以这本书实际只写了不到一个月。拙作是敷衍之作，还是十分专注且一气呵成之作，自己当然不好评价，不过这本书有着必须一气呵成的理由。

不得不说，《福岛核电站人祸记》是在 2011 年 3 月 11 日福岛第一核电站事故发生后，宣泄我的一腔愤怒之作。记述核电站事故发生后的十天之内所发生的事情，为了对造成事故的责任人定罪和追究，该书是我从互联网上摘抄时事报道的文字，加上我自己检索的内容而快速写成的。速度极快，无法停笔。幸好，我的意图似乎没有被误解，得到了读者普遍的接受（当然，恶意歪曲也是有的）。为了让核事故的责任人无处可遁，我在书中提到了他们的真名实姓。从读者中产生了超出我预想的共鸣。

那么，写完《福岛核电站人祸记》之后，我的怒气有所消除了吗？写完书之后，我集中学习了与日本核电站相关的知识。不管是核电站相关者的著书，还是反对派和推进派的作品，日本亚马逊购书网站和日本的网上旧书店中只要有的就统统买下。读过这些买来的书之后，发现日本的核能行政、核能商业、核能产业的实态比我想象的还要黑暗，还要腐败，让我一时哑然。说是要消除怒火，实则是"火上浇油"。然而，我并没打算写《福岛核电站人祸记》的续作，因为那是一时的、只能在事发当时写的，是必须在当时写才有意义的。

而且，我的这种"怒火"也必须指向自身。听到关于福岛核事故的新闻的那一刻，我十几岁时候的记忆复苏了。那时候我上小学高年级，住在北海道的稚内①。某天晚上，我听到直升机螺旋桨的声音，看到几架直升机飞过来。在稚内的山里有美军的雷达基地和日本自卫队的驻地。我现在还能清楚地记得那个日子，是 1962 年 10 月 15 日，是古巴导弹危机发生的日子。当时我十一岁。我以为要发生战争了，是第三次世界大战，比落在广岛、长崎的原子弹多十倍百倍的原子弹、氢弹爆炸要降临世界了。因为离苏联很近，所以有美军和自卫队基地的稚内，要成为第一个牺牲品了……

①稚内，位于日本北海道岛最北端的港湾城市。

就算这些没有发生，美国、英国、法国的核试验也污染了地球上的大气与海水。被辐射雨淋到后人会变秃。即使现在没秃，将来也得秃。十几岁的我，对辐射的恐怖印象来自东宝公司的怪兽科幻电影。在电影《世界残酷奇谭》①（雅克佩蒂导演）中，受到辐射而失去了方向感的海龟为了产卵来到了陆地上而没能回到海中，就那样成了一具尸骸。哥斯拉吐出放射性热能光束，拉顿和摩斯拉等怪兽苏醒，人类细胞与遗传基因被辐射破坏，变成了蘑菇人玛坦戈和液体人。这样的非科学（疑似科学）的想法出现在我的脑子里。学校图书馆中有广岛、长崎被原子弹轰炸后的照片集，看到照片中那些焦黑的尸体，让我从心里感到恐怖。我不敢再靠近图书馆里放着照片集的那一个角落。

听到了核电站爆炸、辐射泄漏的新闻后，我感到我变回了十几岁时的自己。从那之后我做了什么呢？二十岁的时候，考虑向社会正常地提出异议，三十岁、四十岁、五十岁时，从事了一些社会性发言、培养教育下一代年轻人的工作，现在六十多岁了，却还像十几岁的时候一样害怕辐射。但是，不同的是，那时候我只考虑自己，现在我要为自己的孩子和孙子担心。让我一下子回想起 20 世纪 60 年代冷战时期的心情的，是在 20 世纪 50 年代引入，20 世纪 70 年代真正投入使用的核电站所发生

---

①《世界残酷奇谭》，原名为 *Mondo Cane*，为 1962 年上映的意大利电影。

的这场大规模事故。说着反对原子弹爆炸、氢弹试验，一直以来却对同样都是通过核裂变获得核能的核电站没提出任何异议。与其说这是轻信了核电站推进派所散播的所谓"安全""便宜"和"清洁"的宣传话语，不如说这是我不愿意去正视危险、不想扯上关系、只想逃避的，如十几岁的自己一样幼稚的逃避心理在作怪。福岛核事故让我无法逃避，如果不在网络上检索和查阅书本的信息，对这次的事情不做调查，不写点什么的话，我就难以感到心安。

我在十年前写了一篇文章，题为《文化研究是什么——"核爆"是如何被叙述的》（刊登于《异文化》1 号，2000 年，法政大学国际文化部），这本书的前半部分是那篇文章进行删减增补而写成的，后半部分则是最近写的。我衷心感谢愿意策划出版这本书的"河出 Books"系列的总编辑藤崎宽之。

川村凑

2011 年 6 月 30 日

文献一覧

引用文献

丸木位里・赤松俊子『ピカドン』1950 年、ポツダム書店。

井伏鱒二『黒い雨』新潮文庫、1970 年、新潮社。

正田篠枝『さんげ』1983 年、藤浪短歌会。

現代詩人会編『死の灰詩集』1954 年、宝文館。

広島市原爆体験記刊行会編『原爆体験記』朝日選書、1975 年、朝日新聞社。

香山滋『怪獣ゴジラ』1983 年、大和書房。

中村真一郎・福永武彦・堀田善衛『発光妖精とモスラ』1994 年、筑摩書房。

手塚治虫『鉄腕アトム』《オリジェナル版》復刻大全集、2009 年、ジェネオン・ユニバーサル・エンターテイメント。

中沢啓治『はだしのゲン』（1~7 巻）中公文庫コミック版、1998 年、中央公論社。

松本清張『神と野獣の日』角川文庫、1973 年、角川書店。

永井隆『長崎の鐘』1949 年、日比谷出版社。

永井隆『この子を残して』1949 年、大日本雄弁会講談社。

宮崎駿『風の谷のナウシカ』（1~7 巻）1984—1995 年、徳間書店。

水上勉『故郷』集英社文庫、2004 年、集英社。

井上光晴『西海原子力発電所』1986 年、文藝春秋。

高村薫『神の火』1991 年、新潮社。

高嶋哲夫『原発クライシス』集英社文庫、2010 年、集英社。

長井彬『原子炉の蟹』講談社文庫、1984 年、講談社。

吉本隆明『“反核”異論』1982 年、深夜叢書社。

広瀬隆『東京に原発を!』集英社文庫、1986 年、集英社。

堀江邦夫『“増補改訂版”原発ジプシー被曝下請け労働者の記録』
2011 年、現代書館。

森江信『原子炉被曝日記』1979 年、技術と人間。

高木仁三郎『プルトニウムの恐怖』岩波新書、1981 年、岩波書店。

たつみや草『夜の神話』1993 年、講談社。

生田直親『原発・日本絶滅』カッパ・ノベルス1998 年、光文社。

大友克洋『AKIRA』（1~6 巻）1984・93 年、講談社。

电影

黒澤明監督

『生きものの記録』1955 年、東宝。

『八月の狂詩曲』1991 年、黒澤プロダクション。

『夢』1990 年、黒澤プロダクション。

本多猪四郎監督

『ゴジラ』1954 年、東宝。

『空の大怪獣ラドン』1956 年、東宝。

『地球防衛軍』1957 年、東宝。

『大怪獣バラン』1958 年、東宝。

『マタンゴ』1963 年、東宝。

『美女と液体人間』1958 年、東宝。

『宇宙大怪獣ドゴラ』1964 年、東宝。

『ガス人間第一号』1960 年、東宝。

『フランケンシュタイン対地底怪獣』1965 年、東宝。

小田基義監督

『ゴジラの逆襲』1955 年、東宝。

『透明人間』1954 年、東宝。

坂野義光監督

『ゴジラ対ヘドラ』1971 年、東宝。

松林宗恵監督

『世界大戦争』1961 年、東宝。

新藤兼人監督

『原爆の子』1952 年、独立プロ。

『第五福竜丸』1959 年、独立プロ。

関川秀雄

『ひろしま』1953 年、独立プロ（新日本映画社）。

白土武監督

『黒い雨にうたれて』1984 年、元プロダクション（映音）。

深作欣二監督

『仁義なき戦い』1973・74 年、東映。

吉村公三郎監督

『その夜は忘れない』1962 年、大映。

宮崎駿監督

『風の谷のナウシカ』1984 年、スタジオジブリ。

『もののけ姫』1997 年、スタジオジブリ。

『千と千尋の神隠し』2001 年、スタジオジブリ。

大友克洋監督

『AKIRA』1988 年、アキラ製作委員会。

橋本幸治監督

『ゴジラ』1984 年、東宝。

大河原孝夫監督

『ゴジラVSデストロイア』1995 年、東宝。

池田敏春監督

『人魚伝説』1984 年、日本アートシアターギルド。
森崎東監督
『生きてるうちが花なのよ　死んだらそれまでよ党宣言』1985 年、キノシタ映画。
山川元監督
『東京原発』2004 年、"東京原発" フィルムパートナーズ。

参考文献

川村湊「文化を研究するとはどういうことが——"原爆" はどのように語られてきたか」『異文化』1 号、2000 年、法政大学国際文化学部）。

川村湊「閃光と轟音」『風を読む水に書く—マイノリティー文学論』2000 年、講談社。

川村湊「トカトントンとピカドン」『岩波講座　近代日本の文学史8 感情・記憶・戦争』2002 年、岩波書店。

大江健三郎『ヒロシマ・ノート』岩波新書、1965 年、岩波書店。

『コレクション戦争×文学 ヒロシマ・ナガサキ』2011 年、集英社。

日本ペンクラブ編・大江健三郎選『何とも知れない未来に』集英社文庫　1983 年、集英社。

水田九八二郎『原爆文献を読む』中公文庫、1997 年、中央公論社。

豊田清史『原爆文献誌』1971 年、崙書房。

長岡弘芳『原爆文学史』1973 年、風媒社。

黒古一夫『原爆文学論』1993 年、彩流社。

高橋敏夫『ゴジラが来る夜に——"思考をせまる怪獣" の現代史』集英社文庫、1999 年、集英社。

こうの史代『夕凪の街 桜の国』2004 年、双葉社。

ミック・ブロデリック編著『ヒバクシャ・シネマ——日本映画における広島、長崎と核のイメージ』1999 年、現代書館。

竹山昭子『戦争と放送』1994 年、社会思想社。

斉藤道雄『原爆神話の五〇年 すれ違う日本とアメリカ』中公新書 1995 年、中央公論社。

三宅泰雄『死の灰と闘う科学者』岩波新書、1972 年、岩波書店。

大石又七『ビキニ事件の真実――いのちの岐路で』2003 年，みすず書房。

丸浜江里子『原水禁署名運動の誕生東京・杉並の住民パワーと水脈』2011 年，凱風社。

NHK 広島「核・平和」プロジェクト『原爆投下・10 秒の衝撃』1999 年、NHK 出版。

前田哲男監修・グローバルヒバクシャ研究会編著『隠されたヒバクシャー』2005 年，凱風社。

桜井哲夫『手塚治虫―時代と切り結ぶ表現者』講談社現代新書、1990 年、講談社。

『日本の原爆記録 16』1991 年、日本図書センター。

本多猪四郎『「ゴジラ」とわが映画人生』ワニブックスPLUS 新書、2010 年、ワニブックス。

樋口尚文『グッドモーニング、ゴジラ ――監督本多猪四郎と撮影所の時代』1992 年、筑摩書房。

『「ゴジラ」東宝特撮未発表資料アーカイヴプロデューサー・田中友幸とその時代』2010 年、角川書店。

但馬オサム『ゴジラと御真影 -サブカルチャーから見た近現代史』2009 年、オークラ出版。

小野俊太郎『モスラの精神史』講談社現代新書、2007 年、講談社。

武谷三男『原子力発電』岩波新書、1976 年、岩波書店。

吉岡斉『原子力の社会史』朝日選書、1999 年、朝日新聞社。

田中靖政『原子力の社会学』1982 年、電力新報社。

加藤典洋『さようなら、ゴジラたち――戦後から遠く離れて』2010 年、岩波書店。

鈴木篤之『プルトニウム』1994 年、ERC 出版。

高木仁三郎『プルトニウムの未来』岩波新書、1981 年、岩波書店。

山川元『東京原発』竹書房文庫、2004年、竹書房。

繁沢敦子『原爆と検閲』中公新書、2010年、中央公論新社。

田嶋裕起『誰も知らなかった小さな町の"原子力戦争"』2008年、ワック。

鎌田慧『原発列島を行く』集英社新書、2001年、集英社。

新藤兼人『新藤兼人・原爆を撮る』2005年、新日本出版社。

梁木靖弘「かくも長きヒロシマの不在——原爆映画の想像力」『叙説』19号（特集・原爆の表象）1999年、花書院。

佐野眞一『巨怪伝——正力松太郎と影武者たちの一世紀』1994年、文藝春秋。

宮谷一彦『人魚伝説（上・下）』バングーコミックス、1984年、竹書房。

译者的话

第一次翻译书（出版且署名的）离现在已经过了十五年。其间也做了不同语言的各种翻译工作。翻译开始的时候，总想翻译完后一定要开开心心地写一段译者的话，也算是有个终结的仪式感。但每次做完都累得完全不想再在电脑键盘上多敲一个字了，虽然这次也一样，但总觉得有点话不吐不快。

我和作者川村凑先生是认识的。他就住在离我现在的住处坐电车需一个小时的地方，我们共同的老朋友许金龙先生托我去探望生病的川村先生，但结果我们却是在居酒屋里相见的，啤酒、烤肉，胡乱地吃喝了一通，尽是些对健康不利的食物。川村先生为人十分爽快随和，对中国和中国人民怀有深厚的友谊之情。他书中的观点，我想读者诸君看了也会大呼——这真的是日本人会说的话吗？

川村凑在日本的文艺评论界算是知名人物，近年一直担任着知名的读卖文学奖的评审委员。他本人在2007年出版的作品也得过《读卖新闻》的小说奖。我很疑惑，为何他的书一直都没能在我国翻译出版呢？自然，从教育经历和所谓的"学位"背景上看，我不具备对我国的日本文学译介与研究做出评论的资格。不过，文化界日益变得浮躁与浅薄却是谁都看得到的事实。费尽心力搞文艺评论和进行严肃的思考是没有人愿意关注的，翻译出版作品也赚不到钱，甚至不利于某些学者进行"洗文"活动。外国的相关研究著作没有翻译过来，就可以尽情"洗洗"用于自己的文章，成为自己的"研究"。这样做的"学者"也是很多的。长此以往，学术界也就成了个热闹的"二手市场"。这绝对是一场"人祸"。

这本书讲的是由"天灾"引发的对"人祸"的讨论。写于2011年，福岛第一核电站事故发生后仅五个多月就出版了，离现在差不多快十年了。不久前的某日晚上，我在校对完稿子时感到房子微微晃动，持续了不到一分钟。随即，福岛发生7.3级地震的消息传来。当时的第一反应是十年前的悲剧莫不是又要重演了。所幸此后日本的新闻报道每天都在说地震对核电站没有造成影响。是真是假，我也无从验证。不过如同书中所说，若是纯粹"人祸"的话，人心不改，灾必然也会再来。

刘高力

2021 年 2 月 25 日

GENPATSU TO GENBAKU : KAKU NO SENGO SEISHINSHI
BY MinatoKawamura
Copyright © 2011 MinatoKawamura
Chinese (in Simplified character only) translation copyright © 2021
by Zhejiang Literature & Art Publishing House
本书简体中文版权为浙江文艺出版社独有。
版权合同登记号：图字：11-2020-453号

图书在版编目（CIP）数据

日本核殇七十年 /（日）川村凑著；刘高力译. —杭州：
浙江文艺出版社，2021.10
　ISBN 978-7-5339-6618-8

　Ⅰ.①日… Ⅱ.①川… ②刘… Ⅲ.①放射性事故—日
本 Ⅳ.①TL732

中国版本图书馆CIP数据核字（2021）第185939号

责任策划　柳明晔
责任编辑　邵　劼
责任印制　吴春娟
装帧设计　水玉银文化
营销编辑　张恩惠
数字编辑　姜梦冉　任思宇

日本核殇七十年

[日] 川村凑　著　刘高力　译

出版发行　浙江文艺出版社
地　　址　杭州市体育场路347号
邮　　编　310006
电　　话　0571-85176953（总编办）
　　　　　0571-85152727（市场部）
制　　版　浙江新华图文制作有限公司
印　　刷　杭州富春印务有限公司
开　　本　880毫米×1230毫米　1/32
字　　数　119千字
印　　张　6.25
插　　页　6
版　　次　2021年10月第1版
印　　次　2021年10月第1次印刷
书　　号　ISBN 978-7-5339-6618-8
定　　价　69.00元

版权所有　侵权必究